Floral Quilt

Junko Miyazaki

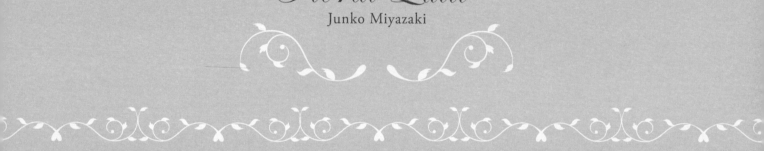

Floral Quilt

Junko Miyazaki

Floral Quilt

Junko Miyazaki

Floral Quilt

Junko Miyazaki

宮崎順子 の花漾拼布

甜美可愛的優雅風手作包・布小物・波奇包特選

Floral Quilt

前言

打從在福岡開設拼布教室以來，已歷經了30多年的時光。透過這本書，將以我個人希望收錄的作品，以及課堂上頗具人氣的包款與波奇包為中心，介紹給大家。

關於拼布作品，以前經常是將小型布片拼接縫製而成，最近也因應學生們的要求，逐漸留意於簡單的製作，並使我更加重視顏色與花樣的搭配。布材的顏色，無論是可愛或典雅風皆有使用，但在花樣方面，則是從以前就特別偏愛花朵印花布。工作室內的布材架上，也幾乎清一色都是花朵圖案。雖說花樣與花樣之間的搭配是件難事，然而，將喜愛的花樣逐一比照核對的思考時間，卻讓我感受到幸福。就算是相同形狀或樣式，但因布材顏色或花樣的差異，而形成不同的作品，正是拼布的有趣之處，也不會令人感到厭倦。

倘若能夠藉由這本書的作品，讓大家也能體驗到我與布材之間面對面相處的時光，以及使用自己專屬拼布的樂趣，肯定是我無與倫比的榮幸。

宮崎順子

Contents

3

chapter 1 無論擁有多少個，還是想要更多的包包！

需要配合季節&服裝，以及隨身攜帶物品的大小，
包包是件讓人欲罷不能的單品。
使用喜愛的布材縫製手作包，想必喜愛的單品將隨之增加。

波士頓包

以雅致的色調製作，
以布條拼接的正方形表布圖案加以縫製而成，
幻化成美麗造型的波士頓包。
是一件側身不會過厚，方便攜帶的包款。

 作法 P.46

貼布刺繡包

除了施作菱格壓線之外，
僅將布材的美麗圖案裁剪下來，再進行貼布縫。
琵琶般的造型令人耳目一新。

作法 P.48

抓皺包

抽拉了大量細褶的手提包，
收納能力超群。兩側的蝴蝶結也是吸睛關鍵。
無添加鋪棉的柔軟作品。

～ 作法 P.49

扁平手提袋

使用在表布的拼布上，共有4種布材。
雖然數量並不是很多，但藉由細長串珠的縫合，
更顯現出其奢華感。

作法 P.51

托特包

將喜愛的花紋布裁剪成圓形之後，進行貼布縫。於主體與底布上，
變化壓線的線條，為包包賦予表情，營造出簡單俐落的風格。

❧ 作法 P.52

教堂之窗手提包

使用立體拼布的表布圖案，
製作出易於使用的造型包款。
於圖案的轉角處接縫上復古釦，
可依各自喜好配置。

～ 作法 P.54

摺疊包

只要打開有著「閃耀星光Twinkling Star」圖案的小巧波奇包時，
立刻搖身一變成為大容量的環保袋。圖案部分形成外側口袋。
當成禮物也很討喜。

〜 作法 P.53

以喜愛的物品滿滿地
裝飾整個房間吧！

如同裝飾上小小的圖畫或是藝術品，請試著享受拼布的樂趣。

縫合美麗布片製作而成的圖案，最適合用來彩繪房間。

增添開啟裁縫箱樂趣的針插墊，在此也一併介紹。

花籃迷你壁飾

於中央處配置上花籃的圖案。以YOYO球表現的花朵，
是於最後的成品上接縫而成。搭配四個主題圖案，
營造出優雅形象的壁飾。

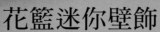 作法 P.56

滿山滿谷的心愛收藏品，宮崎老師の生活日常

並非僅限日本國內，更將美國或歐洲等世界各國的布材搭配使用，造就出精緻典雅作品的宮崎老師。自家工作室內的層架上，除了布，還是布。據說這是因為基本款花色較少的布材，只要喜歡就會購入，自然而然也就不斷地增加。對於布材的收納上，並沒有特別的規定，但相似風格的布材會被收納在一起，形成了一目瞭然的收藏方式。

對於喜歡的物品，就會忍不住想要收集，宮崎老師如此說。除了布材之外，層架上還有在法國購入的布盒。緞帶、蕾絲花邊及鈕釦等材料，也都以復古風為主，有條不紊地被收納於架上。由於特別喜愛蕾絲，所以不光是蕾絲花邊，諸如床罩或桌旗等大型物件也都有蕾絲，或是直接罩在沙發上使用。

由於工作室的空間愈來愈顯得侷促狹窄，因此這陣子大多會在隔壁的客廳兼餐廳的餐桌上從事手作工作，但其實餐廳的玻璃櫃裡也早已擺滿了盒子與進口書籍，以及在古董市集上購買的娃娃或泰迪熊等的收藏品，並且在喜愛的吊燈下（身邊還有一盞LED立燈負責照明）進行手作。

另一個引人注目之處，就是在大部分的椅子與沙發上擺放的抱枕。只要組合手作的小抱枕，或幾個大小不一的抱枕加以裝飾，即可變成出色的家飾品。當然也不會忘記隨著季節更替抱枕一事。

將最心愛的收藏品完全展示出來，美麗地加以裝飾，進行著日常彩繪的宮崎老師：「希望大家在入手喜歡的布材或是小物時，不要只是收藏起來，要真正使用於拼布上，在被最愛的物品圍繞下，開開心心的度過每一天。」

收納得密密麻麻的布材。小小布片也收拾整齊。

抱枕重疊地擺放。看起來就像是作品擺飾方法的範本。

前往教室的樓梯平台。罩有蕾絲的沙發上，擺放了滿滿的抱枕。

上／收藏品於商店亦有販售。光是緞帶類，就收納了好幾個層架。下／此處為蕾絲。

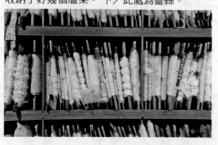

「專為朋友來訪時準備的房間」。備有書桌、床、水晶燈……宛如內心嚮往的巴黎飯店一般。

將裁布墊置於客廳的餐桌上，從事手作的宮崎老師。只要在裁布墊上再舖上一層布，在打記號或進行裁剪時，布材就不會移動，作業更容易進行。

最愛的抱枕也有專屬的層櫃。

法式花園壁飾

12片大量使用了柔和粉紅色花朵樣式的表布圖案。94㎝平方的大小，
雖然具有存在感，卻不至於顯得太大，是件易於裝飾的壁飾。

作法 P.39

亞麻布迷你抱枕

A 將原色亞麻布縫製成瘋狂拼布。
使用顏色上有微妙差異，或是有施作刺繡的布片，乍看之下
覺得樸素雅致，仔細一看便發現箇中裝飾的華麗。

B 此作品也是將亞麻布搭配上中心刺繡的布片等，製作成方便
使用的長方形款式。
將帶狀蕾絲裝飾得有如禮物的包裝一般。

作法 P.59

17

圓形抱枕

看起來有如刺繡模樣的中央布材，其實是印花布。
靈活運用其本身結實的布料，完成分量感十足的圓形抱枕。
後側則使用同一塊布的不同花紋部分。

～ 作法 P.61

迷你抱枕

將「阿拉巴馬星之美人（Alabama star Beauty）」
如此華麗的圖案配置於中央的長方形抱枕。是能讓人期待與大型抱枕搭配使用的尺寸。
可自行接縫上喜歡的緞帶或飾帶。

🌿 作法 P.62

Ⓓ   Ⓔ

針插墊×5

就連小到不能再小的布片，也都是心愛的布材，令人捨不得丟棄。
在此介紹五款活用上述布片縫製而成的有趣針插。
能夠馬上完成之處也是其魅力所在。

Ⓐ 於相似色的布條拼布上，混搭了蕾絲。

Ⓑ 美麗的圓形是將中央的羊毛布一圈一圈纏繞而成的作品。
　 針具插在側面，易於攜帶的款式。

Ⓒ 在拼接成宛如足球狀的球體上，繫上天鵝絨緞帶。

Ⓓ 超可愛的草莓形狀！是於拼布的接縫處進行3種類型的刺繡，
　 展現瘋狂拼布風格。

Ⓔ 將菱形與三角形拼接成正方形。襯托出布材的可愛面。
　 不妨依個人喜好於四個角落的邊角接縫上鈕釦！

作法 P.63

YOYO球飾框迷你壁飾

製作大量的絲織布YOYO球，
並將天使有如浮雕般描繪的布材團團包圍住。
是以淺駝色布材作為飾邊的深棕色壁飾。

✥ 作法 P.66

Column 2　產量不多的洋裁作品

在邂逅拼布的當時，宮崎老師正就讀於洋裁學校。雖然之後學習了拼布，但裁縫至今仍是她的專長。在自家擁有大量布材收藏的宮崎老師，就連同時兼設教室的商店裡，也以整捆的狀態陳列著由國內外嚴選的布材。其中還包括像是「以喜愛的布材製作簡單裙子等作品」。以下將介紹適合外出時穿著的高雅裙款。

陳列於商店內的布材。不論國內外，很多都是老師實地外出親眼確認，並下訂購入的。

宮崎老師的穿搭。利用粉紅色至胭脂色的漸層，使色調一致的穿著。

細褶裙的重點在於兩側的大口袋。是一款開口稍大的獨特設計。利用腰帶完美的縫製而成（參照作品）。

將布面進行鏤空繡的麻布縫製成梯形剪裁的裙子。腰際間則是以斜布條簡單俐落的進行處理。上半身採以簡潔收束，使裙子成為主角。

梯形裙的作法 P.78

chapter 3

機能性與可愛感兼具，
夢寐以求的波奇包

雖說波奇包也是屬於擁有再多也無妨的包款，
但使用上的便利性亦極為重要。
適合收納化妝品或飾品等日常使用品的簡單樣式，
或是「好想要有個裝這個東西的波奇包」
將這樣的想法化為形式的作品，
每一款都可愛滿點。

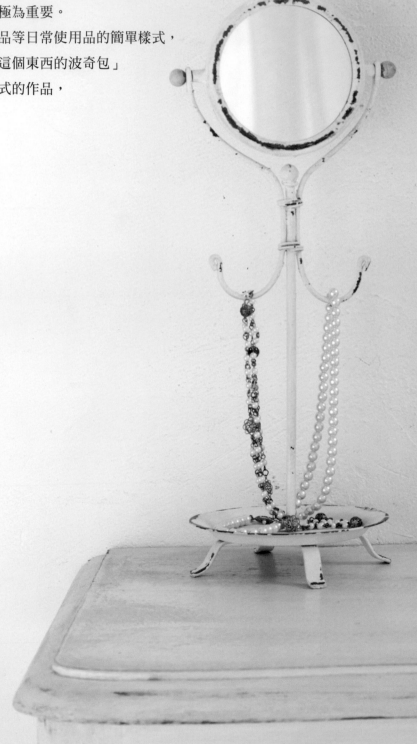

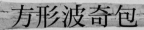

方形波奇包

是以所謂的「棋盤」圖案製作而成的扁平波奇包。
從中央小窗露出來的玫瑰則為點綴的重點。

〰️ 作法 P.69

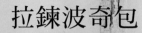

拉鍊波奇包

用色明亮的四方形拼接布包。
將一個蕾絲圖案接縫於袋口側，以作為強調重點。

〰️ 作法 P.70

附蓋波奇包

將「拉鍊波奇包」與拼縫布片的角度加以變化之後，製作而成。
內附夾層，用來攜帶筆記本或卡片等也十分便利。

〰️ 作法 P.71

眼鏡套

將兩片頗受歡迎的「線軸（線捲）」表布圖案拼接後，
再以蕾絲裝飾袋口處的眼鏡套。無論是收納太陽眼鏡，
或是用來預防花粉，亦或是讀書寫字時……讓眼鏡都片刻不離身。

作法 P.73

護照夾

在進行旅行的準備時，就會變得迫切需求的護照夾。
拿取收放之間的便利性極為重要。
機票或是卡片等物品也可一併收納，並且不占空間。

～ 作法 P.76

針線波奇包

在教室裡或旅行中，從事手藝工作時使用。
只要是喜愛拼布的人，絕對不會錯過這款小巧完備的針線波奇包。
不妨利用玫瑰的貼布繡，來營造獨特的氛圍吧！

～ 作法 P.74

風琴式多夾層波奇包

將五個口袋攤開來之後，內裝便一目瞭然。
便於卡片類的收納，口袋與口袋之間，
不添加鋪棉，以減少厚度的貼心設計。

作法 P.67

蜂巢波奇包

六邊形（六角形）的圖案，是透過將裝有內襯的布片捲針縫合，
而完成美麗的形狀，是一款強調布片形狀本身可愛感的波奇包。

作法 P.77

筒形波奇包

藉由四方形拼接製作而成的筒狀波奇包。
不論是四方形拼接的顏色搭配、
側身的布材挑選、拉鍊的裝飾……
依據手作者的喜好不同，衍生出迥異風格的面貌

作法 P.34

作品製作前的準備工作

必備工具

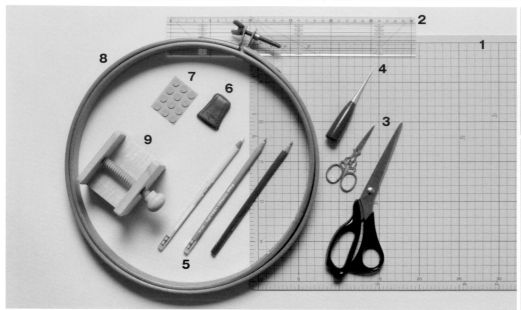

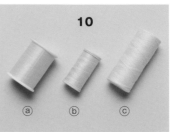

1 裁布墊
在製作紙型時，或於布面上作記號或裁剪布材時使用，會很方便。另外，只要在裁布墊上方鋪上1片布，例如作記號時等，布材就不易移動，也便於作業。

2 定規尺
於製作紙型或是繪製壓線線條時使用。

3 剪刀
剪線用・剪布用・剪鋪棉用・剪厚紙用等，依不同用途分別使用，就能在避免損壞剪刀的情況下長久使用。

4 錐子
使用於袋物邊角的調整時，相當便利好用。

5 鉛筆（B）・記號筆
在製作紙型或是於布面上描畫紙型，亦或在繪製壓線線條時使用。若為深色布的時候，則使用亮色系的記號筆。

6 頂針指套
進行壓線時，戴在慣用手的中指上使用。

7 小圓頂針器（貼片式頂針器）
是以皮革製成的圓形貼片式頂針器，專為壓線時保護手指使用。戴在非慣用手的中指上。亦可使用頂針指套。

8 壓線框
於壓線時使用。直徑30至45cm左右的大小是易於使用的尺寸。

9 壓線框固定器
設置於桌面上用來固定壓線框的器具。只要事先準備好，就會更方便。

10 線材
ⓐ車縫線（60號） 使用於作品的縫製上。

ⓑ拼布線 進行拼縫布片或壓線時使用。挑選與布材色調相近的顏色使用。

ⓒ疏縫線

11 針具
ⓓ縫針 拼縫布片或作品縫製時使用。
ⓔ拼布針 進行壓線時使用的短針。
ⓕ珠針
除此之外，還有拼布專用裁布墊、墊布、明信片厚度的紙張（或是厚型描圖紙）、描圖紙（於描畫紙型或圖案時使用）、戒指型頂針器、熨斗、燙衣板、縫紉機等。

基本縫法

平針縫

半回針縫

全回針縫

1針回針縫
於合印記號的1針前入針

立針縫（藏針縫）
②於摺山的下方入針。
①於布材的摺山處出針。
針目不會出現於正面。

縫法的重點與基礎

- ●作法圖中的尺寸單位為「cm」。
- ●完成的尺寸是標示尺寸圖的尺寸。
- ●拼布作品因壓線的進行，尺寸會隨之縮小。手袋的裡布或側身的尺寸，請先測量壓線完成後的主體再行決定。以尺寸圖的尺寸為基準。

布片的裁剪方法

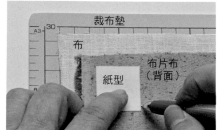

1 參照尺寸圖或紙型，以厚紙板或描圖紙製作紙型。將布（非薄型布料）放置在裁布墊上，並將布片布的背面朝上放置在其上方，再放上紙型後，描畫輪廓。只要照此方式描畫，下方的布料會形成止滑效果，布片布將難以移動，更有助於描畫。描畫第2片時，請預留縫份後再行描畫。

* 左右不對稱的部件，則請將紙型的背面朝上放置在布的背面，再進行描畫。

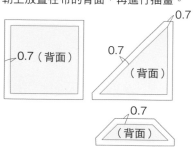

2 縫份不必以定規尺作記號，以目測方式估計約0.7㎝之處進行裁剪即可。因為是一邊拼縫布片，一邊調整縫份，所以依照這個方式進行裁剪，可以迅速完成作業。

拼縫布片的方法

1 將2片布片正面相對疊合，以珠針固定邊角的合印記號與中央處。

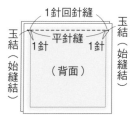

2 取1條拼布線，於線端處打玉結（始縫結）。於邊角記號處的1針前入針，挑1針之後，於記號位置出針。再次於1針前入針，挑1針（1針回針縫），直接沿著縫線，以平針縫縫至下一個邊角的前1針為止。進行回針縫，打留結固定（止縫結）。此種縫法稱為「邊到邊（由布端縫至布端）」。

3 周圍若有多餘的縫份，請於距針趾0.7㎝處裁剪整齊。距縫線處約0.1㎝處往內摺，縫份倒向單側，以指尖壓住，作出摺痕。翻至正面，以熨斗整燙，使縫份燙開固定。依此要領，進行拼縫布片。

* 所謂的「接縫線至摺山處」是指針趾處稍微往內摺，縫份倒向單側之意。

* 當縫份倒向單側時，最好倒向布料顏色較深的布片為佳。若是強調露出圖案時，則倒向想要強調的圖案布片側。

斜布條的裁剪方法

※寬3㎝、縫份0.7㎝的情況。

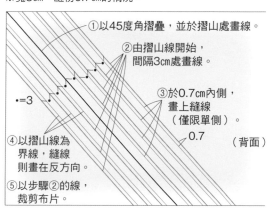

①以45度角摺疊，並於摺山處畫線。
②由摺山線開始，間隔3㎝處畫線。
③於0.7㎝內側，畫上縫線（僅限單側）。
④以摺山線為界線，縫線則畫在反方向。
⑤以步驟②的線，裁剪布片。

斜布條的拼接方法

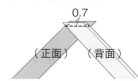

①將2片斜布條正面相對疊合，並將0.7㎝內側進行車縫。

③剪掉超出寬度多餘的縫份。
②以熨斗燙開兩側縫份。

立針縫

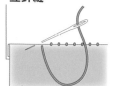

千鳥縫

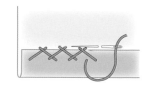

星止縫

捲針縫

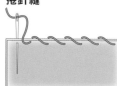

倒匚字併縫

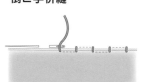

作品 P.31

筒形波奇包

※完成尺寸
　寬21cm、側身直徑10cm
※原寸紙型刊載於附錄紙型A面。
※作法圖片中，為了更淺顯易懂，因此改
　以不同色線進行解說。

材料
1 棉布　印花圖案9種…4.5×4.5cm
　共計70片（布片）
2 棉布　織紋…25×12cm（側身表布）
3 棉緞布　酒紅色…寬3cm斜布條23cm
　2條（滾邊用布）
4 棉布　深駝色…40×34cm（裡布）
5 棉布　黑色…5×3cm（拉鍊飾布）
6 鋪棉…25×34cm
7 厚型接著襯…25×12cm
8 拉鍊…長20cm　1條
9 拉鍊裝飾…1個
除此之外，還有原色拼布線、
縫線（接近布料顏色的線材）

尺寸圖

主體
表布（拼布）
　　（鋪棉）　　　各1片
裡布（深駝色棉布）

* 除了布片・側身表布・側身接著襯的縫份為0.7cm以外，其餘則預留2cm的縫份後作裁剪。

0.7
0.7
30
21
滾邊
滾邊
3
3
壓線線條

側身
表布（織紋）
　　（接著襯）　　各2片
裡布（深駝色棉布）

10

拉鍊裝飾
（黑色棉布）1片
原寸裁剪
3
5

滾邊布　2片
（酒紅色棉緞布）
原寸裁剪
3
0.5cm縫線
23

① 裁剪各部件。

布片（印花圖案9種）
70片
（背面）
0.7

側身表布（織紋）
（接著襯）
0.7

2
側身裡布
（深駝色）

0.7cm縫份

鋪棉
25
主體裡布
（深駝色）
34

正方形的布片是於紙型上附加0.7cm的縫份，並使用9種花朵圖案印花布，而各布料的片數則依照個人喜好，全部共裁剪成70片。除此之外的部件，請參照原寸紙型與尺寸圖，並依指定的尺寸進行裁剪。

② 拼縫布片之後，製作表布。

（背面）

1 製作第1列的布塊。將左端2片布片正面相對疊合，對齊左右邊角的記號位置後，以珠針固定，接著釘於中央處固定。

2 於線端處打玉結（始縫結），並於邊角記號處的1針前入針，挑1針之後，於邊角處出針。再次將相同處挑1針（1針回針縫），直接沿著線條，以平針縫縫至下一個邊角的前1針為止。最後也是進行1針回針縫，打留結固定（止縫結）。此種縫法稱為「縫到邊」。

1針回針縫
平針縫
留結（止縫結）
玉結（始縫結）

3 周圍若有多餘的縫份，請於距針趾0.7cm處裁剪整齊。

4 距縫線處約0.1cm處往內摺，縫份倒向單側，以指尖壓住，作出摺痕。

0.1

（背面）

5 將步驟4攤開，並以熨斗整燙。

6 將第3片布片依照步驟1至5的相同方式進行縫合。

（背面）

7 剩餘的4片布片亦是橫向進行縫合。縫份依相同方向倒向單側。第1列的布塊完成。

（背面）

8 第2列的布塊亦依照步驟1至5的相同要領進行拼縫布片。縫份呈第1列的反方向倒向單側。

9 依照相同方式，製作第3至第10列的布塊。縫份每隔一列如同交錯倒向般的倒向單側。10列的布塊完成。

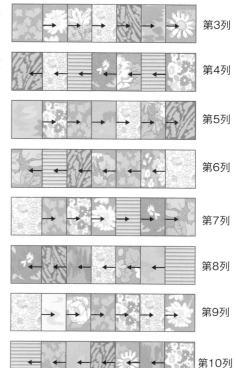

第3列
第4列
第5列
第6列
第7列
第8列
第9列
第10列

第1列

第2列

10 將第1列與第2列的布塊正面相對疊合，並以珠針固定。並依縫到邊的縫法縫合，縫份請於距針趾0.7cm處裁剪整齊。距縫線處約0.1cm處往內摺，縫份則倒向第2列的布塊側。

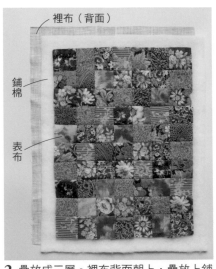

裡布（背面）

鋪棉

表布

（背面） 縫合

第1列

第2列

（正面）

2 疊放成三層。裡布背面朝上，疊放上鋪棉。並於其中央處疊放上表布，為避免三層布片移位，請以珠針固定。珠針由中心往外側固定，以便消除皺褶撫平布面。

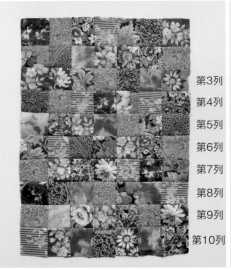

第3列
第4列
第5列
第6列
第7列
第8列
第9列
第10列

（背面）

11 於步驟10的布塊上，依縫到邊的縫法縫合第3列的布塊，縫份則倒向第3列的布塊側。依此要領，以縫到邊的縫法縫合第4至第10列的布塊為止，縫份倒向下側。整體以熨斗整燙。表布完成。

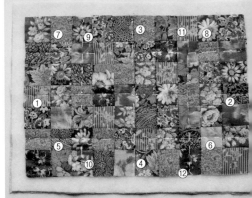

③ 疊放成三層作疏縫，並進行壓線。

1 參照P.34的尺寸圖，在表布上以鉛筆繪製壓線線條。當布料的顏色較深，以致壓線線條不易看清楚時，可使用亮色系的記號筆較佳。

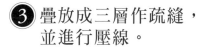

3 於壓縫線的線端處打玉結（始縫結），由正面於表布的中心處入針，挑針至裡布，以粗針目朝外側橫向進行縫合。最後，進行1針回針縫，線端預留約1cm長，進行裁剪（①）。接著，由中心處朝反方向，依照相同方式進行縫合（②）。繼續依步驟③至⑫的順序，進行6至7cm正方形的格狀疏縫。

小圓頂針器（貼片式頂針器）　　頂針指套

4 壓線時，為了不傷手指戴上頂針指套，並於承接針尖那側貼上小圓頂針器（雙手皆戴上頂針指套亦可）。由於作品較小，因此不必鑲入壓線框內進行壓線。壓線是由圖案的中心往外側，一邊消除皺褶撫平布面，一邊以細針目沿著線條縫合。

壓線的始縫與止縫

1 於原色壓縫線的線端處打玉結，由稍偏離始縫位置的針趾處入針，僅挑針至表布，並於始縫位置出針。

2 拉線，並將始縫結拉入表布內。

3 沿著壓線線條，挑針至裡布，並依照平針縫的要領進行拼布。止縫是於表布側打留結固定（止縫結）。於始縫結的邊緣入針，挑針至鋪棉處，再於稍偏離處出針，拉線，將始縫結拉入內部。於布邊處剪斷縫線（亦可參照P.38落針壓線的縫法）。

④完成波奇包

＊作品雖是以縫紉機車縫而成，但亦可以手縫製作。手縫的時候，請以全回針縫進行縫合。

③0.5cm縫合。

滾邊布（背面）

②對齊主體的完成線與滾邊布的縫線。

①對齊表布之後，裁剪掉鋪棉與裡布多餘的縫份。

1 拆掉主體的疏縫線，將鋪棉與裡布周圍多餘的縫份對齊表布進行裁剪（①）。於袋口側將滾邊布正面相對疊合，對齊主體的完成線與滾邊布的縫線後，以珠針固定（②）。將縫線縫合（③）。

0.7

包捲縫份進行立針縫

裡布（正面）

滾邊　　　　0.7

2 對齊滾邊布的布邊後，裁剪掉主體袋口側多餘的縫份。將滾邊布翻至正面，包捲縫份進行藏針縫。另一側的袋口側亦以相同方式製作。

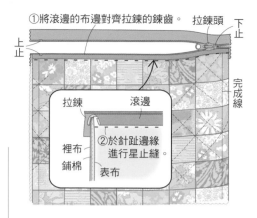

①將滾邊的布邊對齊拉鍊的鍊齒　　拉鍊頭

上止　　　　　　　　　　　　　　　下止

完成線

拉鍊　　滾邊

②於針趾邊緣進行星止縫。

裡布
鋪棉
表布

③將拉鍊的另一側與另一邊的袋口側縫合。

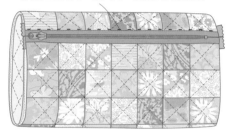

3 參照圖①至③，以星止縫將拉鍊接縫於袋口側上。

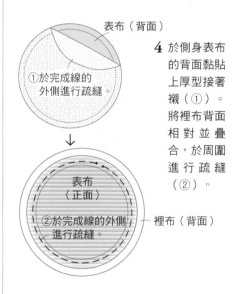

表布（背面）

①於完成線的外側進行疏縫。

表布（正面）

②於完成線的外側進行疏縫。

裡布（背面）

4 於側身表布的背面黏貼上厚型接著襯（①）。將裡布背面相對並疊合，於周圍進行疏縫（②）。

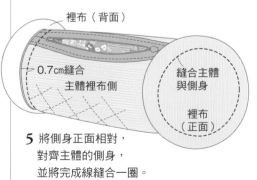

裡布（背面）

0.7cm縫合
主體裡布側

縫合主體與側身

裡布（正面）

5 將側身正面相對，對齊主體的側身，並將完成線縫合一圈。

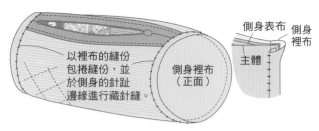

以裡布的縫份
包捲縫份，並
於側身的針趾
邊緣進行藏針縫。

側身表布 側身裡布

主體

側身裡布
（正面）

6 以側身裡布的縫份包捲縫份進行收邊。主體的另一側亦以
相同方式收邊。

7 翻至正面，整理輪廓。

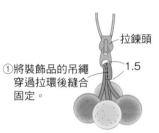

拉鍊頭

①將裝飾品的吊繩
穿過拉環後縫合
固定。

1.5

1.2
5

②將裝飾布進行三摺邊。

③如同以裝飾布
隱藏針趾般的
予以包捲後，
進行藏針縫。

④上下亦以
捲針縫
縫合。

8 於拉鍊的拉頭穿入裝飾
品，並縫合固定。為了
隱藏縫合固定的部分，
以裝飾布包捲後進行藏
針縫。

完成

落針壓線的縫法

利用於針趾邊緣進行的壓線，能使圖案顯
得更為立體。雖然左側的波奇包並無壓
線，但大多數的拼布作品皆有施作。一般
來說，會在沒有縫份的作品上進行壓線。
由於會沿著針趾的邊緣進行壓線，因此不
必描繪壓線線條。

1 於線端處打玉結（始縫
結），由稍偏離始縫位
置的針趾處入針。將針
鑽入鋪棉內，並於始縫
位置出針。

2 拉線，並將始縫結拉入
表布內。沿著針趾邊
緣，進行平針縫。

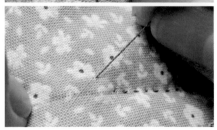

3 止縫是於表布側打留結
固定（止縫結）。於始
縫結的邊緣入針，將針
鑽入鋪棉內，再於稍偏
離處出針。拉線，將始
縫結拉入內部。於表布
的邊緣剪斷縫線。

作品 P.15

法國花園壁飾

※完成尺寸
　93.4×93.4cm
※原寸紙型刊載於附錄紙型B面。
※作法照片中，為了更淺顯易懂，因此改以不
　同色線進行解說。

材料
棉布
　數種布片…各適量
　（布片・貼布縫用布）
　印花圖案①…50×95cm（飾邊）
　印花圖案②…100×100cm（裡布）
　紅色…54×75cm（滾邊用布）
　蕾絲布　原色…20×38cm　4片
　（貼布縫的圖案I・J・K・L的土台布）
鋪棉…100×100cm

尺寸圖

主體　表布（拼布）
　　　　（鋪棉）　　　　各1片
　　　裡布（印花圖案②）
滾邊（紅色）

＊飾邊縫份為1cm，鋪棉・裡布則預留3cm的
　縫份後作裁剪。滾邊布請事先以寬3cm的
　斜布條，預備380cm長。
＊請於各布片與圖案的邊緣進行落針壓線。

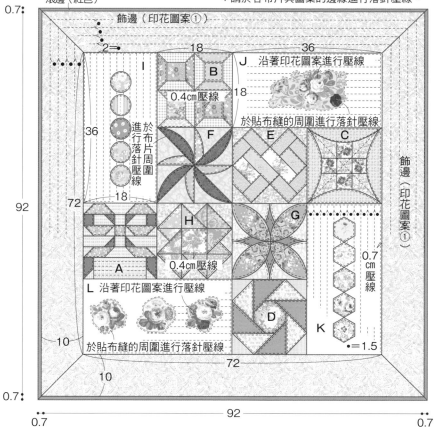

飾邊（印花圖案①）
0.7
2→
18　　36
I　　B　　J　沿著印花圖案進行壓線
0.4cm壓線　18
36　　於貼布縫的周圍進行落針壓線
於布片周圍進行落針壓線
F　E　C
18
72　　H　G
A　0.4cm壓線
L　沿著印花圖案進行壓線
D　K　=1.5
於貼布縫的周圍進行落針壓線
10　　72
10
92
0.7　　0.7
0.7
92
飾邊（印花圖案①）
0.7壓線

①製作表布圖案A至L。

＊參照附錄紙型與尺寸圖，製作各布片的紙
　型，並以喜歡的布片附加0.7cm的縫份後，
　進行裁剪。貼布縫布的縫份則請參照各自
　的作法。

① 表布圖案A

尺寸圖

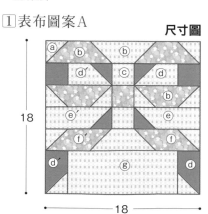

18
18
ⓐ ⓑ ⓑ ⓓ' ⓒ ⓓ ⓔ' ⓔ ⓕ ⓕ ⓓ ⓖ ⓓ ⓑ

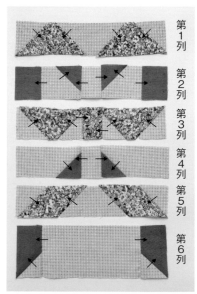

第1列
第2列
第3列
第4列
第5列
第6列

1 進行拼縫布片之後，製作6列的布
　塊。縫份倒向箭頭指示的方向。

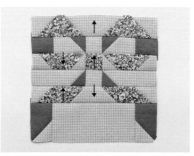

2 將6列的布塊縱向縫合後，完成表
　布圖案。縫份倒向箭頭指示的方
　向。

39

⑧表布圖案H　　　　　**尺寸圖**

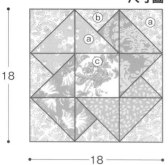

18

18

布塊A　　　布塊B

縫合ⓐ

ⓐ

縫合ⓐ①

②

ⓑ

ⓐ ⓑ

1 依照圖示的配置，以縫到邊的縫法將圖案不同的布片ⓐ與ⓑ縫合，製作布塊A與B。每種分別製作4片。

布塊A　布塊B　布塊A

縫合　　縫合

第1列

布塊B　　　　布塊B

布片ⓒ

縫合　　縫合

第2列

布塊A　布塊B　布塊A

縫合　　縫合

第3列

2 參照圖示，製作3列的布塊。

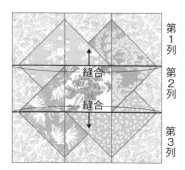

第1列

縫合

第2列

縫合

第3列

3 以縫到邊的縫法將3列的布塊縱向縫合後，完成表布圖案。

---

⑨表布圖案I　　　　**尺寸圖**

土台布
（原色蕾絲布）
1片

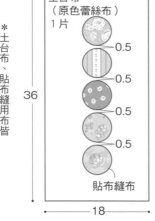

0.5

0.5

0.5

0.5

36

貼布縫布

18

＊預留0.7cm、貼布縫用布皆於預留0.7cm的縫份後作裁剪。

＊圓形的貼布縫布是於內側裝入內襯後，塑製形狀。內襯可以厚型描圖紙或是明信片厚度的紙張製作。

1 取2條拼布線，於線端處打玉結（始縫結），並以平針縫將貼布縫布的縫份中央縫合一圈。最後，於始縫處入針，再於正面出針。

平針縫

（背面）

內襯

2 於背面裝入內襯，將平針縫的縫線拉緊，並將縫份倒向內側。打留結固定（止縫結），並以熨斗熨燙整型。取出內襯，再次以熨斗整燙。全部共製作5片。

土台布（正面）

摺痕

摺痕

3 土台布往橫向與縱向摺疊後，沿著摺痕以熨斗整燙。以此十字摺痕為基準，將貼布縫布對齊中心處，並以珠針固定。以立針縫（暗針縫）將周圍進行藏針縫。剩餘的4片亦以相同方式進行貼布縫。

---

⑩表布圖案L　　　　**尺寸圖**

＊土台布縫份為0.7cm，貼布縫用布則預留0.3至0.4cm的縫份後作裁剪。

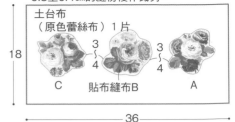

土台布
（原色蕾絲布）1片

18

C　　　貼布縫布B　　　A

3～4　　3～4

36

土台布

摺痕

貼布縫布B

摺痕

完成線
0.3～0.4cm縫份

①於縱向・橫向進行疏縫。

②於貼布縫布的1cm內側進行疏縫。

1

1 於欲使用之部分花朵圖案印花布的正面，描繪完成線，並附加0.3至0.4cm的縫份後，進行裁剪。土台布摺作四褶，摺出摺痕，並於此中央處貼放上貼布縫布，依照圖示的順序進行疏縫。

2 一邊以針尖將縫份塞進內側，一邊以立針縫（暗針縫）藏針縫至凹入的圓弧部分之前。於凹入部分的弧線縫份處剪2處牙口。凹入部分是於完成線的內側出針，使針趾露於正面進行藏針縫，再繼續將周圍進行藏針縫。

剪牙口

立針縫（暗針縫）

進行藏針縫

針目出現於正面。

---

⑪表布圖案J　　　　**尺寸圖**

＊縫份與表布圖案L相同。

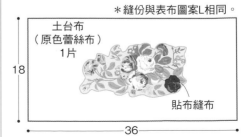

土台布
（原色蕾絲布）
1片

18

貼布縫布

36

依照表布圖案L的相同方式進行貼布縫。

12 表布圖案K

＊土台布與貼布縫用布預留0.7cm的縫份後作裁剪，並以明信片厚度的紙張參照紙型製作5張內襯，亦可作為紙型使用。

尺寸圖

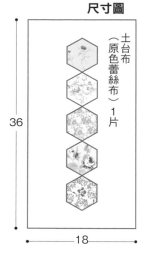

土台布（原色蕾絲布）1片

36
18

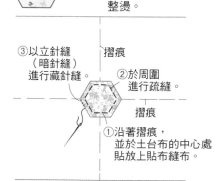

摺疊
內襯
玉結（始縫結）

摺疊

摺疊

於正面出針，打留結固定（止縫結）。

（正面）

③以立針縫（暗針縫）進行藏針縫。

摺痕

②於周圍進行疏縫。

摺痕

①沿著摺痕，並於土台布的中心處貼放上貼布縫布。

1 於布片的背面放入內襯，並以珠針固定。將1邊的縫份摺往內襯側後，每次皆連同內襯一起挑縫份的中央1針。再者，將相鄰的1邊摺往內襯側後，請於褶山處渡線，每次皆連同內襯一起挑縫份的中央1針。重複此作法至最後的布邊為止，最後再於邊角處入針後，打留結固定（止縫結）。

2 以熨斗整燙塑形。拆除疏縫線，取出裡面的內襯。再次以熨斗整燙。

3 摺疊土台布，摺出十字摺痕。將貼布縫布依照圖示①至③的順序，進行貼布縫。第2片的貼布縫布對齊邊角後貼放上去，進行貼布縫。依此要領，剩餘的貼布縫布亦進行藏針縫。

② 製作表布

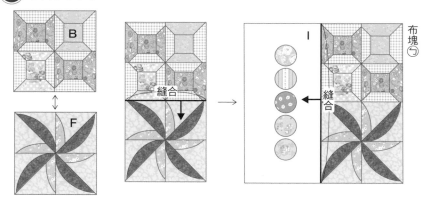

布塊㊀

1 製作第1列的布塊。以縫到邊的縫法縫合圖案B與圖案F，縫份倒向圖案F側。於此布塊上，以縫到邊的縫法縫合圖案I，縫份倒向圖案I側。作為布塊㊀使用。

2 以縫到邊的縫法縫合圖案C與圖案E，縫份倒向圖案C側。於此布塊上，以縫到邊的縫法縫合圖案J，縫份倒向圖案J側。作為布塊㊅使用。

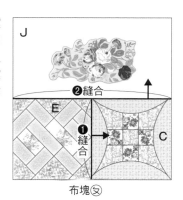

布塊㊅

3 以縫到邊的縫法縫合布塊㊀與布塊㊅，縫份倒向布塊㊅側。第1列的布塊㊀完成。

布塊㊀

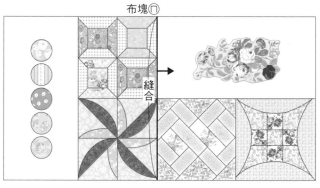

布塊㊁

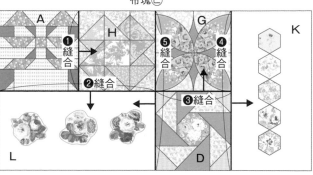

4 製作第2列的布塊㊁。依照步驟1至3的要領，並以圖示❶至❺的順序縫合，縫份則各自倒向箭頭指示的方向。

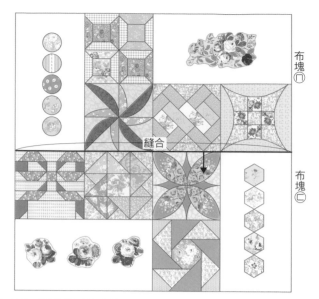

5 以縫到邊的縫法縫合第1列的布塊ⓝ與第2列的布塊ⓒ。縫份倒向布塊ⓒ側。中央的布塊完成了！

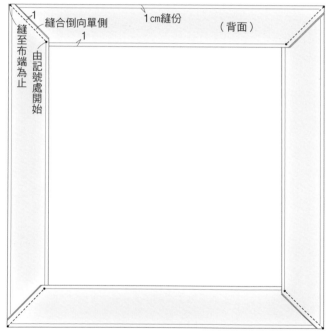

6 製作飾邊。參照P.39的尺寸圖，使用印花圖案⊗，預留1cm的縫份後，裁剪成4片。將4片飾邊布由記號處開始縫合至布端，縫製成邊框造型。四邊的縫份則依照圖示倒向單側。

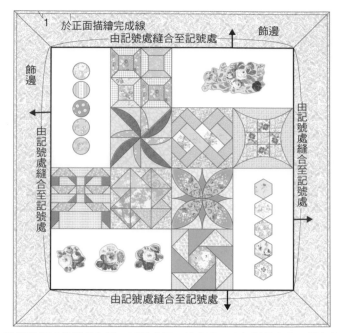

7 將步驟6飾邊的各邊，以及步驟5的布塊正面相對疊合後，進行鑲嵌縫合，由記號處縫合至記號處，縫份倒向飾邊側。表布完成。

③ 疊放成三層作疏縫，並進行壓線。

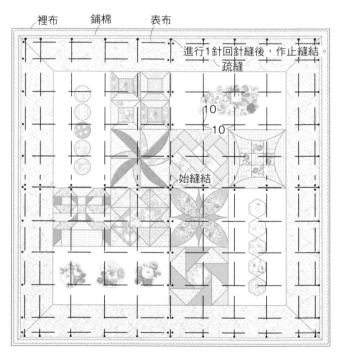

1 參照P.39的尺寸圖，並於表布上以鉛筆繪製壓線線條（落針壓線不必繪製）。裁剪裡布與鋪棉。將裡布的背面朝上攤開，疊放上鋪棉。對齊中央後，疊放上表布，為了避免三層布片移位，請以珠針固定。取1條壓縫線，於線端處打玉結（始縫結），由表布中心的正面入針，挑針至裡布，並以粗針目往外側縫合。最後，進行1針回針縫，打留結固定（止縫結）。依此要領，以10cm間隔往縱向與橫向進行疏縫。

2 進行壓線。壓線是由圖案的中心往外側以細針目縫合，以便消除皺褶撫平布面。於進行壓線的部分鑲嵌上壓線框，並沿著壓線線條進行壓線，接著進行落針壓線（參照P.38）。待壓線框裡的壓線完成後，接著於縫合位置鑲嵌上壓線框，並依照相同方式進行壓線。最後於飾邊處進行壓線。

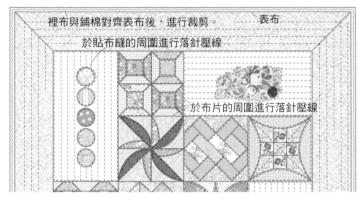

裡布與鋪棉對齊表布後，進行裁剪。　　　　表布
於貼布縫的周圍進行落針壓線
於布片的周圍進行落針壓線

④ 周圍進行滾邊處理

1 拆除疏縫線。裡布與鋪棉對齊表布之後，裁剪掉周圍多餘的縫份。

2 準備滾邊布（斜布條的裁剪方法請參照P.33）。事先以紅色棉布裁剪成寬3㎝的斜布條，預備380㎝長。由布端至0.5㎝內側，於背面繪製上縫線（①）。將布端摺疊成45度角，作出摺痕（②）。

3 滾邊布是於接近拼布下側的邊角處開始接縫，並以車縫（或是手縫）縫合。將拼布與滾邊布正面相對疊合後，以珠針固定，由開始位置縫合至邊角的記號位置為止。回針縫之後，剪斷縫線（③）。

4 將滾邊布摺疊成直角（④），並由布端處開始縫合至下一個邊角，回針縫之後，剪斷縫線（⑤）。重複步驟④至⑤，縫合至開始位置的大約10㎝前（⑥）。

5 將滾邊布的最初與最後對齊之後，以倒匚字併縫進行縫合（⑦），滾邊布周圍若有多餘的縫份，請進行裁剪之後，再將預留未縫的部分加以縫合（⑧）。對齊滾邊布的布端後，裁剪掉拼布周圍多餘的縫份（⑨）。

6 將滾邊布翻至正面，包捲縫份，並以立針縫（暗針縫）進行藏針縫。完成！

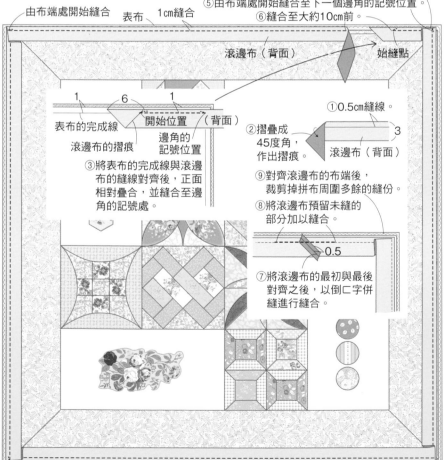

由布端處開始縫合　　表布　　1㎝縫合
④將滾邊布摺疊成直角。
⑤由布端處開始縫合至下一個邊角的記號位置。
⑥縫合至大約10㎝前。
滾邊布（背面）　　　始縫點

1　　6　　1
表布的完成線
滾邊布的摺痕
開始位置　（背面）
邊角的記號位置
③將表布的完成線與滾邊布的縫線對齊後，正面相對疊合，並縫合至邊角的記號處。

①0.5㎝縫線。
②摺疊成45度角，作出摺痕。　　3
滾邊布（背面）

⑨對齊滾邊布的布端後，裁剪掉拼布周圍多餘的縫份。
⑧將滾邊布預留未縫的部分加以縫合。
0.5
⑦將滾邊布的最初與最後對齊之後，以倒匚字併縫進行縫合。

裡布　鋪棉　　表布
以滾邊布包捲縫份，並於針趾邊緣以立針縫進行藏針縫。
邊角摺疊成邊框造型，不進行藏針縫。

作品 P.5

波士頓包

※完成尺寸
　長28cm、寬42cm、側身底寬10cm
※原寸紙型刊載於附錄紙型B面。

材料
棉布
　印花圖案①・②・③・④
　…各50×30cm（布片）
　印花圖案⑤…60×40cm
　（布片・口袋主體表布、袋蓋表布）
　藍灰色…25×80cm（側身A・B表布）、
　寬3cm斜布條　長47cm　2條
　（包捲側身A袋口側的滾邊布）
　玫瑰灰…90×85cm
　（裡布・襠布b・提把接縫位置的
　裝飾布）
　原色…90×85cm（襠布a）
鋪棉…90×85cm
拉鍊…長45cm　1條
鈕釦…直徑1.3cm　1顆
皮革製提把　茶色…寬2cm　長40cm　1組

作法
1. 參照原寸紙型與尺寸圖，裁剪各部件。
2. 進行拼縫布片之後，製作48片正方形的表布圖案。參照尺寸圖與圖1，將24片表布圖案予以縫合，製作主體表布。製作另1片相同的主體表布。
3. 疊放上襠布・鋪棉・步驟2的主體表布，作三層疏縫，並於每片布片上進行落針壓線。於表布側貼放上主體的紙型，描畫輪廓（圖1）。預留0.7cm的縫份後，進行裁剪。另1片亦以相同方式製作。
4. 側身A同樣作三層疏縫，並進行壓線。對齊表布之後，裁剪掉鋪棉與襠布周圍多餘的縫份。以滾邊布包捲袋口側進行收邊處理，並接縫上拉鍊。將裡布以藏針縫固定於拉鍊上（圖2）。
5. 側身B同樣作三層疏縫，並進行壓線。對齊表布之後，裁剪掉鋪棉與襠布a周圍多餘的縫份。將裡布背面相對疊放於襠布a側上，進行疏縫（圖2―⑥⑦）。
6. 縫合側身A與側身B，接縫成環狀。以襠布b包覆縫份，進行收邊處理（圖2―⑧至⑩）。
7. 將裡布背面相對疊放於主體的襠布a側上，並於周圍進行疏縫。縫合主體與側身，並以主體的裡布包捲縫份進行藏針縫（圖3）。
8. 製作口袋與袋蓋（圖4），縫合固定於前側主體上，並於袋蓋上接縫鈕釦。將提把貼放於主體上，依照全回針縫的要領縫合固定（位置參照圖5）。將主體翻至背面，貼放上用來隱藏提把針趾處的提把接縫位置裝飾布，並將周圍進行藏針縫。

尺寸圖

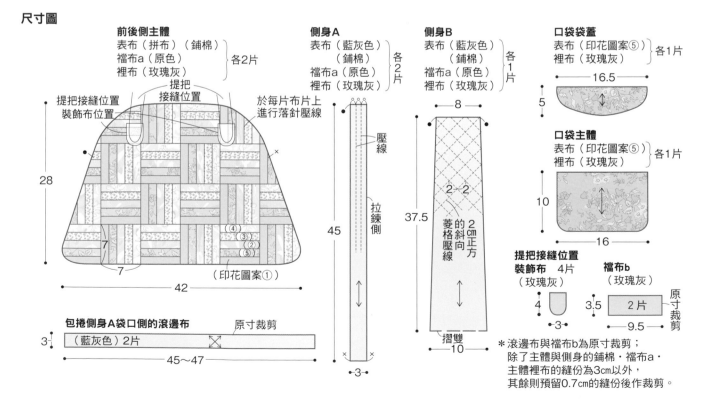

圖1

鋪棉

檔布a

表布

不進行落針壓線的部分裁剪下來

落針壓線

貼放上紙型後，描繪上完成線。

正方形表布圖案的原寸紙型

＊預留0.7cm的縫份後作裁剪。

圖2

④將裡布進行藏針縫。

⑤主體側於完成線的外側進行疏縫固定。

完成線

拉鍊

②以滾邊布包捲袋口側。

0.5cm滾邊

⑥疊放成三層作疏縫，並進行壓線。

⑦將裡布疏縫固定。

0.5cm車縫

③於滾邊的邊緣，將拉鍊車縫固定。

側身B

表布

裡布（背面）

檔布a

鋪棉

側身A

裡布

檔布a

鋪棉

①疊放成三層，並進行壓線。

⑨縫份倒向側身B側，避開檔布b，進行車縫。

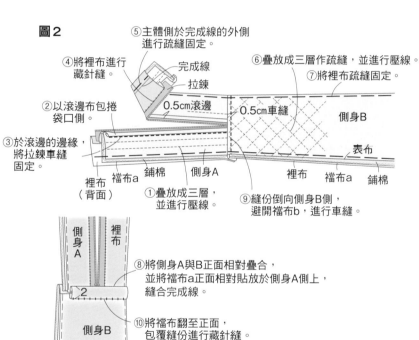

側身A

裡布

2

側身B

⑧將側身A與B正面相對疊合，並將檔布a正面相對貼放於側身A側上，縫合完成線。

⑩將檔布翻至正面，包覆縫份進行藏針縫。

圖3

側身A

主體裡布側

檔布b

主體的表布 鋪棉 側身的表布

檔布A

裡布

檔布A

側身B

裡布 檔布A

藏針縫

②以主體的裡布包捲縫份進行藏針縫。

①縫合側身與主體。

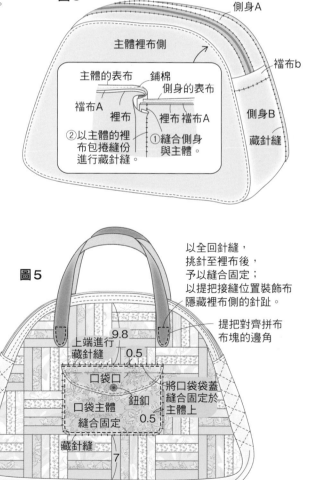

圖4

口袋袋蓋

裡布

表布

0.5cm車縫

將表布與裡布正面相對疊合，預留返口縫合。從返口處翻至正面，於0.5cm內側車縫。

布邊縫

口袋主體

裡布

表布

縫合表布與裡布

圖5

以全回針縫，挑針至裡布後，予以縫合固定；以提把接縫位置裝飾布隱藏裡布側的針趾。

上端進行藏針縫

9.8

0.5

口袋口

提把對齊拼布布塊的邊角

口袋主體縫合固定

鈕釦

0.5

將口袋袋蓋縫合固定於主體上

藏針縫

7

作品 P.6
貼布刺繡包

※完成尺寸
　長約34cm（從提把下方至袋底為止）、
　寬約30cm、側身寬8cm
※原寸紙型刊載於附錄紙型A面。

材料
棉布
　點點圖案…110cm寬　40cm
　（包捲主體表布與主體的滾邊布）
　玫瑰灰…60×90cm（包捲主體裡布與側
　　身表布、裡布與側身袋口側之縫份的滾
　　邊布、內口袋）
　原色…70×42cm（襠布）
　印花圖案…適量（貼布縫用布）
鋪棉…70×55cm
鈕釦　喜愛的款式…10個
皮革製提把　焦茶色…長40cm　1條
磁釦（手縫型）
　復古金色…直徑2.2cm　1組

作法
1　參照原寸紙型與尺寸圖，裁剪各部件。
2　於主體表布上描繪壓線線條（參照尺寸
　　圖）。再疊放上鋪棉·襠布後，作三層
　　疏縫，並進行壓線。對齊表布之後，裁
　　剪掉鋪棉與襠布周圍多餘的縫份製2
　　片。
3　印花圖案是將喜愛的圖案部分裁剪下
　　來6片。並於前側主體表布的喜愛位置
　　上，以立針縫進行貼布縫（貼布縫的
　　縫法請參照P.42），接縫上喜愛的鈕
　　釦。
4　於袋底處縫合2片側身表布，接縫成1
　　片布。縫份倒向單側。參照尺寸圖，描
　　繪上壓線線條。
5　側身亦是疊放成三層之後，進行壓線，
　　並裁剪掉鋪棉與裡布周圍多餘的縫份。
　　以滾邊布包捲袋口側，進行滾邊縫製。

尺寸圖

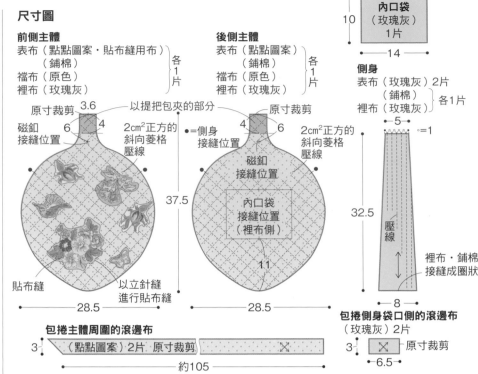

前側主體
表布（點點圖案·貼布縫用布）
　　　（鋪棉）　　　各1片
襠布（原色）
裡布（玫瑰灰）

後側主體
表布（點點圖案）
　　　（鋪棉）　　　各1片
襠布（原色）
裡布（玫瑰灰）

原寸裁剪　3.6
磁釦接縫位置　6　4
以提把包夾的部分
2cm²正方的斜向菱格壓線
37.5
貼布縫
以立針縫進行貼布縫
28.5

=側身接縫位置
原寸裁剪　4　6
2cm²正方的斜向菱格壓線
磁釦接縫位置
內口袋接縫位置（裡布側）
11
28.5

內口袋（玫瑰灰）1片
10
14

側身
表布（玫瑰灰）2片
　　（鋪棉）　　各1片
裡布（玫瑰灰）
5
=1
32.5
壓線
裡布·鋪棉接縫成圈狀
8

包捲主體周圍的滾邊布
3　（點點圖案）2片　原寸裁剪　✕
約105

包捲側身袋口側的滾邊布
（玫瑰灰）2片
3　✕　原寸裁剪
6.5

＊主體的上部袋口側·滾邊布為原寸裁剪；除了主體的鋪棉·襠布、
　側身的鋪棉·裡布、內口袋的袋口側縫份為2cm，脇邊與袋底的縫份為1cm，
　其餘則預留0.7cm的縫份後作裁剪。

6　製作內口袋，接縫於後側主體裡布上
　　（圖1）。
7　將裡布背面相對疊放於前·後側主體的
　　襠布側，並於周圍進行疏縫固定。
8　將主體背面相對疊放於側身的兩端，進
　　行車縫。接著，將滾邊布正面相對貼放
　　於主體側，車縫已縫合側身的針趾上
　　方，並繼續縫至主體袋口側的旁邊。將
　　滾邊布翻至正面，包捲縫份後，以藏針
　　縫縫於裡布上（圖2）。
9　以提把前端包夾主體的袋口側，並以回
　　針縫縫合（圖2）。
10　將磁釦縫合固定（圖2）。

圖1

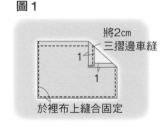

將2cm三摺邊車縫
1　1
於裡布上縫合固定

圖2

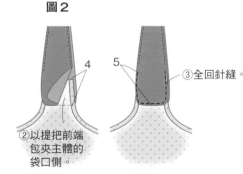

4
②以提把前端包夾主體的袋口側。

5
③全回針縫。

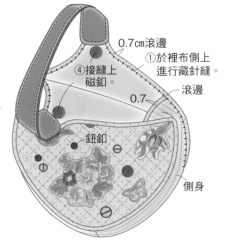

0.7cm滾邊
①於裡布側上進行藏針縫
④接縫上磁釦。
滾邊
0.7
鈕釦
側身

48

作品 P.7

抓皺包

※完成尺寸
　　長30.5cm、袋口寬24cm
※口布的原寸紙型刊載於附錄紙型A面。

材料
緹花布
　　淺棕色…50×40cm（口布・提把）
棉布
　　印花圖案8種…各52×12cm（布片）
棉麻混織布　棕色…85×55cm（裡布）
厚型接著襯…28×14cm
天鵝絨緞帶
　　條紋…寬1.25cm　長120cm（緞帶正面）
　　焦茶色…寬1.6cm　長120cm（緞帶背面）
鬆緊帶…寬7.5mm　長30cm
鈕釦　綠色…直徑約2.6cm　1顆

作法
1 參照原寸紙型與尺寸圖，裁剪各部件。
　於表口布的背面黏貼上厚型接著襯。
2 主體表布是以車縫將8片布片縫合成1片
　布。以熨斗燙開兩側縫份，進行車縫。
　與裡布正面相對疊合，車縫兩側脇邊。
3 將步驟2的主體翻至正面，整理輪廓，並
　於脇邊進行雙車線。將長13cm的鬆緊帶
　穿於此雙車線中，並於袋口側將兩端縫
　合固定。將兩側脇邊的鬆緊帶穿入位置
　預留1.5cm後，再於前後的口布側抽拉皺
　褶（圖1）。前後皆以相同方式製作。
4 製作2條提把與4條緞帶（圖2・3）。
5 將提把與緞帶疏縫固定於表口布的正
　面。將裡布正面相對疊合，預留下端，
　縫合三邊（圖4）。製作2片。
6 將步驟5的口布表布側正面相對疊合後，
　縫合於主體的正面。將口布翻至正面，
　並將裡布側的縫份摺往內側，以藏針縫
　縫於主體的裡布上。於口布的周圍進行
　雙車線，並於前側中央接縫上鈕釦（圖
　5）。完成！

尺寸圖

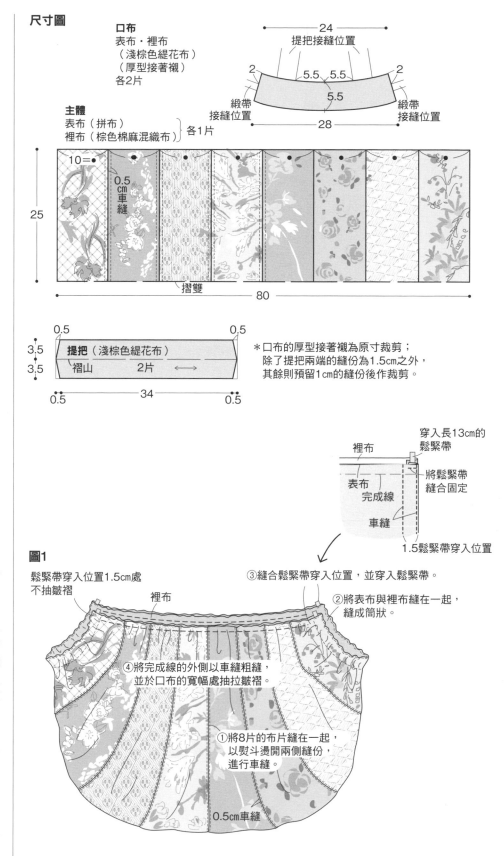

口布
表布・裡布
（淺棕色緹花布）
（厚型接著襯）
各2片

主體
表布（拼布）
裡布（棕色棉麻混織布）　各1片

＊口布的厚型接著襯為原寸裁剪；
　除了提把兩端的縫份為1.5cm之外，
　其餘則預留1cm的縫份後作裁剪。

圖1

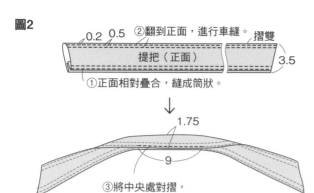

圖2

0.2 0.5 ②翻到正面，進行車縫。 摺雙

提把（正面） 3.5

①正面相對疊合，縫成筒狀。

1.75

9

③將中央處對摺，
並將針趾的上方縫合。

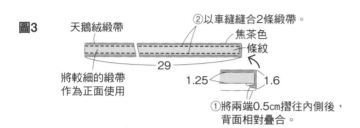

圖3

天鵝絨緞帶 ②以車縫縫合2條緞帶。

焦茶色
條紋

29

將較細的緞帶
作為正面使用 1.25 1.6

①將兩端0.5cm摺往內側後，
背面相對疊合。

圖4

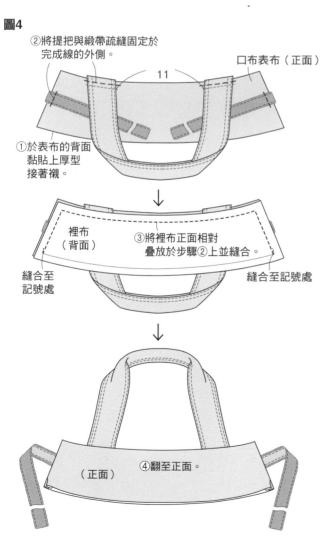

②將提把與緞帶疏縫固定於
完成線的外側。

11 口布表布（正面）

①於表布的背面
黏貼上厚型
接著襯。

裡布
（背面）

③將裡布正面相對
疊放於步驟②上並縫合。

縫合至
記號處 縫合至記號處

（正面） ④翻至正面。

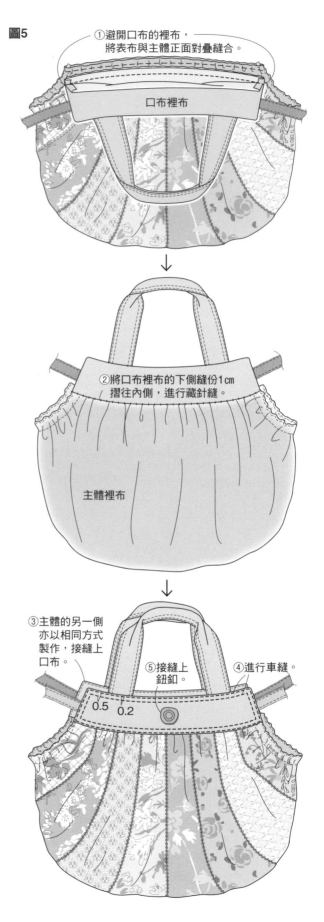

圖5

①避開口布的裡布，
將表布與主體正面對疊縫合。

口布裡布

②將口布裡布的下側縫份1cm
摺往內側，進行藏針縫。

主體裡布

③主體的另一側
亦以相同方式
製作，接縫上
口布。 ⑤接縫上
鈕釦。 ④進行車縫。

0.5 0.2

作品 P.8
扁平手提袋

❀完成尺寸　長32.5cm、寬28cm
❀原寸紙型刊載於附錄紙型A面。

材料
棉布
　印花圖案①…13×26cm（布片ⓐ・ⓓ）
　印花圖案②…13×22cm（布片ⓑ・ⓔ）
　印花圖案③…13×18cm（布片ⓒ・ⓕ）
　印花圖案④…13×13cm（布片ⓖ）
　條紋花樣…30×66cm（裡袋）
　白色…64×36cm（襯布）
棉麻混織布　淺駝色…60×35cm
　（布片ⓗ・ⓘ・ⓙ、後側主體表布）
棉緞布　淺駝色…3cm斜布條
　長60cm（滾邊用布）
鋪棉…64×36cm、緞帶蕾絲　原色　寬1cm
　⑤長52cm（布片ⓖ的緣飾）、
　⑥50cm（蝴蝶結）、皮革製提把…1組

作法
1　參照原寸紙型與尺寸圖，裁剪各部件。
2　參照P.56，進行拼縫布片之後，製作前側主體表布。疊放上襯布・鋪棉・表布，作三層疏縫（圖1）。進行壓線，拆除疏縫線。於布片ⓖ的周圍，將緞帶蕾絲⑤以立針縫（暗針縫）來進行藏針縫（圖2）。
3　後側主體同樣作三層疏縫，並進行壓線（參照尺寸圖）。拆除疏縫線。
4　將前後側主體正面相對疊合，並由脇邊開始車縫一圈至袋底處。縫份於0.5cm處修剪整齊。翻至正面，並以寬3cm的滾邊布包捲袋口側（圖3）。
5　於袋口側接縫上提把，並將緞帶蕾絲⑥繫成蝴蝶結之後，縫合固定於表布圖案的布片ⓖ上角處（圖4）。
6　裡袋背面相對對摺，於縫份1cm處縫合脇邊，縫製成袋子，並將袋口側的1cm摺往內側。背面相對疊合後裝入主體中，並於滾邊的針趾邊緣進行藏針縫（圖4）。

圖1

於表布圖案的周圍，依①～③的順序縫合布片ⓗ・ⓘ・ⓙ。

襯布(背面)鋪棉　表布（正面）玉結（始縫結）
疏縫
縫份倒向的方向
進行1針回針縫，打留結固定（止縫結）。

圖2
①於布片的脇邊進行落針壓線
②於印花圖案的周圍進行壓線。
邊角摺疊成邊框造型
③壓線
④將緞帶蕾絲⑤進行藏針縫固定。
⑤蕾絲的上側亦避免針目出現於正面，予以縫合固定。

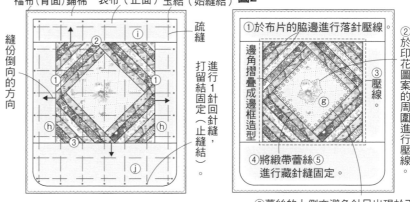

圖3
0.6cm滾邊
落針壓縫

0.7cm縫合　①將滾邊布縫成圈狀。
3　（背面）　襯布　鋪棉
②正面相對貼放於表布的袋口側上，縫合完成線於0.5～0.6cm處裁剪縫份。
③將滾邊布翻至正面，包捲縫份後，翻至襯布側。於步驟②的針趾邊緣進行落針壓縫。
襯布

尺寸圖

滾邊布（淺駝色棉緞布）1片	─3
60	

前側主體
表布（拼布）
（鋪棉）各1片
襯布（白色棉布）
提把接縫位置
10
4　3　中央　ⓘ
ⓗ　　　　　ⓗ
20
　ⓓ ⓖ ⓒ
　ⓔⓐⓕ
4　20　4
8　（淺駝色）　ⓙ
28
　　　2.5　2.5
32

後側主體
表布（淺駝色棉麻混織布）
（鋪棉）各1片
襯布（白色棉布）
提把接縫位置
10
3　中央
2cm正方的斜向菱格壓線
2-2
32
28

圖4

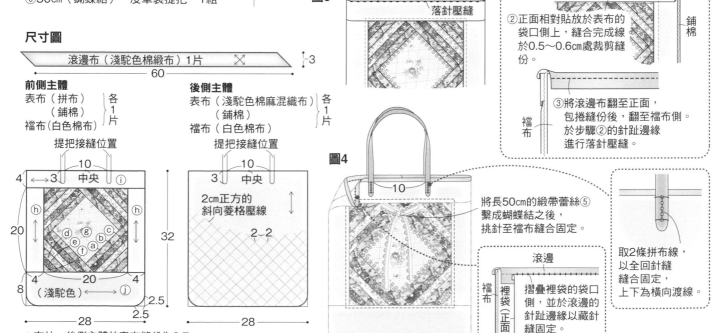

10
將長50cm的緞帶蕾絲⑤繫成蝴蝶結之後，挑針至襯布縫合固定。

滾邊
襯布　裡袋（正面）
摺疊裡袋的袋口側，並於滾邊的針趾邊緣以藏針縫固定。

取2條拼布線，以全回針縫縫合固定，上下為橫向渡線。

＊布片・後側主體的表布縫份為0.7cm，襯布・鋪棉則預留2cm的縫份後裁剪。
＊裡袋布是直接使用30×66cm。

作品 P.9

托特包

※完成尺寸
長24.7cm、口寬36cm、
側身寬14cm

※原寸紙型與壓線圖案刊載於附錄紙型B面。

材料

棉布
　印花圖案5種…各7×7cm
　（貼布縫用布）
　小碎花圖案…38×64cm
　（主體裡布）、
　　18×15cm（內口袋）
　原色…40×66cm（襯布）
麻布　茶色…28×38cm（袋底布）
棉布　緹花布…寬3.5cm
　斜布條　75cm（滾邊用布）
蕾絲布　原色…40×38cm
　（前片布・後片布）
鋪棉…40×66cm
緞帶　寬1.8cm　長38cm
皮革製提把　茶色…1組

圖1

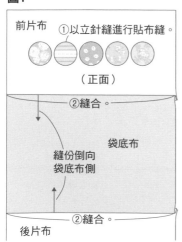

前片布
①以立針縫進行貼布縫。
（正面）

②縫合。

縫份倒向
袋底布側

袋底布

②縫合。

後片布

尺寸圖

主體
表布（前片布・袋底布・
　　後片布）（鋪棉）各1枚
襯布（原色棉布）

提把接縫位置
14
中央

18

前片布
（蕾絲布）

於貼布縫的周圍
進行落針壓線

前側

6　　　　　　　　　6

26 14
側身

2
2
2cm
正方
的菱格壓線

袋底布（茶色麻布）

6　　　　　　　　　6

14
袋底

壓線

落針
壓線

18

後片布
（蕾絲布）

後側

中央
14
提把接縫位置

36

原寸裁剪
3.5　滾邊布（緹花布）
72～75

＊於主體裡布的
後側縫合固定。

中央
5

24
12
內口袋
（小碎花圖案）

將2cm處
三摺邊
1

16

主體裡布
（小碎花圖案）1片

7
摺雙

7　　　22　　　7

＊除了內口袋的袋口側、鋪棉・襯布的
縫份為2cm之外，其餘則預留0.7cm的
縫份後裁剪。

圖2

襯布
0.7cm縫合

①將主體正面相對對摺，
縫合脇邊。

摺雙

②將脇邊袋底摺疊成
三角形，縫合側身。

以熨斗燙開
兩側縫份

14
0.7
③裁剪。
7

圖3

14
①以斜布條
包捲袋口側。

落針壓縫
0.7
表布
鋪棉

②將提把縫合固定
（參照P.51）。

③將裡袋
進行
藏針縫

緞帶

襯布
裡袋（正面）

作法

1 參照尺寸圖與原寸紙型，裁剪各部件。

2 參照P.42，於主體表布的前側進行貼布縫。在其上依縫到邊的縫法縫合袋底布、後片布，製作表布（圖1）。

3 於步驟2上以鉛筆輕輕描繪壓線線條（參照尺寸圖與附錄）。疊放上襯布、鋪棉、表布，作三層疏縫，並進行壓線。將襯布與鋪棉之縫份多餘的縫份，進行裁剪。

4 將緞帶的下側對齊前片布與袋底布的接縫處，並於緞帶的上下方進行車縫。

5 將主體正面相對對摺，縫合脇邊。接著，縫合袋底側身，預留距針趾0.7cm處的縫份之後，裁剪掉周圍多餘的縫份（圖2）。

6 製作裡袋。製作內口袋，並於裡布上縫合固定（參照尺寸圖）。接著，縫合脇邊與側身，縫製成袋子。

7 以寬3.5cm的滾邊布包捲步驟5的表袋的袋口側。於袋口側接縫上提把（圖3）。

8 將裡袋的袋口側縫份0.7cm摺往內側。背面相對對疊後裝入表袋之中，並將袋口側以藏針縫縫合一圈（圖3），完成！

作品 P.11

摺疊包

❀完成尺寸

　長43cm、寬31cm、側身寬6cm

❀原寸紙型刊載於附錄紙型B面。

材料

棉布

　印花圖案①…50×100cm

　　（主體‧提把）

　印花圖案②…22×15cm

　　（布片ⓑ‧包釦）、

　　寬3cm斜布條　長84cm（滾邊布）

　印花圖案③…18×11cm（布片ⓓ）

　格子花紋…52×35cm

　　（布片ⓐ、ⓒ、ⓔ‧口袋裡布）

　鋪棉…30×22cm

　緞帶…寬3cm　長18.5cm共2條

　包釦用塑膠墊片…直徑2cm　1顆

　按釦…直徑1.4cm　1組

作法

1 參照尺寸圖與原寸紙型，裁剪各部件。

2 製作口袋。參照P.41，進行拼縫布片後，製作閃耀星光（Twinkling Star）的圖案，並於左右兩側縫合布片ⓔ，縫份倒向布片ⓔ側。

3 疊放上口袋裡布‧鋪棉‧步驟**2**的表布，作三層疏縫，並進行壓線。拆除疏縫線，對齊表布之後，裁剪掉鋪棉與裡布周圍多餘的縫份。以寬3cm的滾邊布包捲周圍。於內側接縫上按釦（圖－①‧②）。

4 製作提把（圖－③）。

5 將步驟**3**的口袋預留入口處後，縫合固

定於主體的前側上，（圖－④）。

6 主體背面相對對摺，並於0.5cm的縫份處縫合脇邊。接著，正面相對之後，於0.8cm的縫份處縫合（袋縫、圖－⑤‧⑥）。

7 縫合袋底側身（圖－⑦‧⑧‧⑨）。翻至正面，將袋口側三摺邊之後，再行縫合（圖－⑩）。

8 於袋口側貼放上提把，並疏縫固定（圖－⑪）。於上方貼放上緞帶，縫合周圍予以固定（圖－⑫）。後側亦以相同方式製作。

9 製作包釦（圖－⑬），縫合固定於口袋的正面（圖－⑭）。

尺寸圖

主體
（印花圖案①）1片

提把接縫位置

12

中央

15

46

口袋接縫位置

42

摺雙

37

＊提把（印花圖案①）2片
＊原寸裁剪

8

＊提把‧滾邊布‧包釦為原寸裁剪；主體的袋口側縫份為3.5cm，脇邊縫份為1.5cm，布片ⓐ至ⓔ縫份為0.7cm，口袋的鋪棉‧裡布則預留2cm的縫份後裁剪。

口袋

表布（拼布）
（鋪棉）　　各1片
裡布（格子花紋）

（印花圖案②）

格子花紋

壓線

18

．=1

於布片的周圍進行落針壓線

0.3cm壓線

（印花圖案③）

4　18　4

滾邊布　原寸裁剪

3　（印花圖案②）1片

84

包釦

原寸裁剪

3.5

（印花圖案②）1片

圖

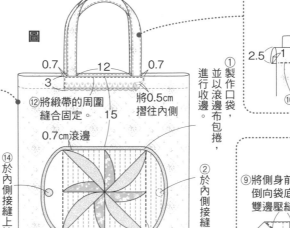

⑤背面相對對摺，縫合0.5cm內側。

⑥正面相對，縫合0.8cm內側。

（背面）0.8

0.5

（正面）

摺雙

⑬製作包釦。

❹以步驟❸的縫線繼續縫，斜向往縱、橫渡線之後，收束。

❸於內側裝入塑膠墊片之後，拉緊縫線，作止縫結。

❷止縫線出現於正面。

（背面）

❶將0.3至0.4cm內側進行平針縫（取雙線）。

⑫將緞帶的周圍縫合固定。

0.7cm滾邊

0.7　12　0.7

3

15

將0.5cm摺往內側

①製作口袋，並以滾邊布包捲，進行收邊。

②於內側接縫上按釦

④將口袋呈凵的形狀縫合固定於主體上

⑭並於正面接縫上包釦，於內側接縫上包釦，

③製作提把，進行四摺邊車縫。

2

2.5　1　1　2

⑪進行疏縫

⑩三摺邊車縫。

⑦縫份倒向前側。

脇邊的接縫處

⑨將側身前端倒向袋底側，雙邊壓縫固定。

（背面）

6

3

（背面）

⑧將脇邊袋底摺疊成三角形，並將側身寬幅6cm處縫合。

53

作品 P.10

教堂之窗手提包

❀完成尺寸
　　脇邊長20cm、寬約28cm、側身寬20cm
❀原寸紙型刊載於附錄紙型A面。

材料

棉布
　　格子花紋…寬110cm　長120cm（土台
　　布）、印花圖案數種…6×6cm　共計50片
　　（貼布縫用布）、藍灰色…45×90cm（裡
　　布・內口袋）
蕾絲　白色…寬1.6cm　長140cm
鈕釦…喜愛的款式　39顆
皮革製提把　酒紅色…寬2cm　長40cm　1組

作法

1 參照原寸紙型與尺寸圖，裁剪各部件。
　　以厚紙板製作20×20cm的紙型。
2 參照圖1，製作22片教堂之窗的土台布。
3 以捲針縫併縫22片的土台布，製作6列的
　　布塊。再將這些布塊縱向併縫，製作主
　　體。（圖2）
4 將貼布縫用布呈◇的方向貼放於2片土台
　　布的中間，並以珠針固定。將土台布翻
　　至貼布縫布側，以立針縫進行藏針縫。
　　袋口側與脇邊之露出部分的貼布縫布摺
　　往背面後，縫合固定（圖3）。成為側
　　身或袋底的部分則參照構成圖或圖4，
　　並將土台布以捲針縫併接所有的合印記
　　號後，將貼布縫布進行藏針縫。完成表
　　袋。
5 製作內口袋，於裡布上縫合固定（參照
　　尺寸圖）。參照圖4，縫合裡袋。
6 以全回針縫將提把縫合固定於表布上。
　　將表袋翻至背面，背面相對對疊後，裝
　　入裡袋之中。將脇邊與袋口側進行藏針
　　縫。翻至正面，由袋口側開始將蕾絲以
　　立針縫縫合固定於脇邊（參照圖5・構成
　　圖）。

尺寸圖

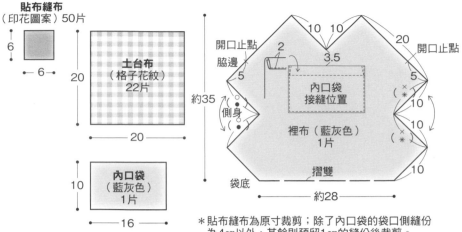

貼布縫布
（印花圖案）50片
6 — 6

土台布
（格子花紋）
22片
20 — 20

內口袋
（藍灰色）
1片
10 — 16

開口止點　脇邊　2　10 10　3.5　20　開口止點
5　內口袋
接縫位置　5
約35　側身　裡布（藍灰色）1片　10
10
摺雙　10
袋底　約28

＊貼布縫布為原寸裁剪；除了內口袋的袋口側縫份
為4cm以外，其餘則預留1cm的縫份後裁剪。

構成圖

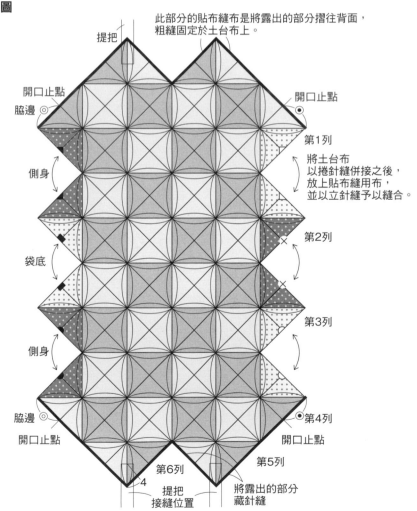

此部分的貼布縫布是將露出的部分摺往背面，
粗縫固定於土台布上。

提把
開口止點　開口止點
脇邊　　第1列
側身　　將土台布
　　　　以捲針縫併接之後，
　　　　放上貼布縫布，
　　　　並以立針縫予以縫合。
袋底　　第2列
側身　　第3列
脇邊　　第4列
開口止點　開口止點
第6列　　第5列
4　提把　將露出的部分
接縫位置　藏針縫

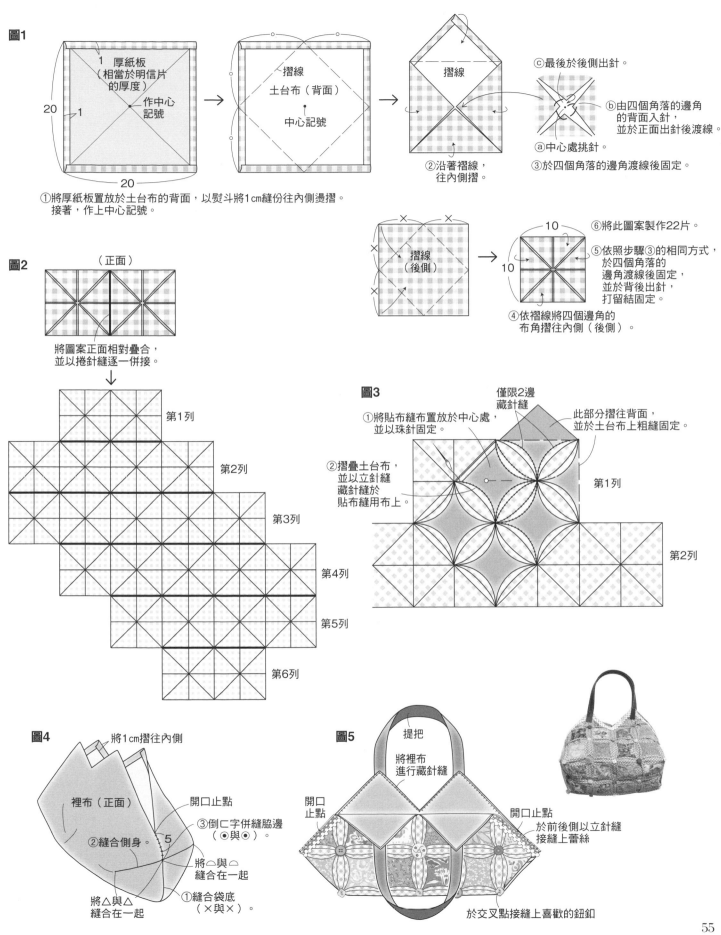

圖1

1 厚紙板
（相當於明信片
的厚度）

20
1

20

作中心記號

摺線
土台布（背面）
中心記號

摺線

②沿著摺線，
往內側摺。

ⓒ最後於後側出針。

ⓑ由四個角落的邊角
的背面入針，
並於正面出針後渡線。

ⓐ中心處挑針。

③於四個角落的邊角渡線後固定。

①將厚紙板置於土台布的背面，以熨斗將1cm縫份往內側燙摺。
接著，作上中心記號。

摺線
（後側）

10

10

⑥將此圖案製作22片。

⑤依照步驟③的相同方式，
於四個角落的
邊角渡線後固定，
並於背後出針，
打留結固定。

④依褶線將四個邊角的
布角摺往內側（後側）。

圖2

（正面）

將圖案正面相對疊合，
並以捲針縫逐一併接。

第1列

第2列

第3列

第4列

第5列

第6列

圖3

僅限2邊
藏針縫

①將貼布縫布置放於中心處，
並以珠針固定。

此部分摺往背面，
並於土台布上粗縫固定。

②摺疊土台布，
並以立針縫
藏針縫於
貼布縫用布上。

第1列

第2列

圖4

將1cm摺往內側

裡布（正面）

②縫合側身。

開口止點

③倒匚字併縫脇邊
（◉與◉）。

5

將△與△
縫合在一起

①縫合袋底
（✕與✕）。

將△與△
縫合在一起

圖5

提把

將裡布
進行藏針縫

開口
止點

開口止點

於前後側以立針縫
接縫上蕾絲

於交叉點接縫上喜歡的鈕釦

作品 P.13

花籃迷你壁飾

※完成尺寸
　　長73cm、寬53cm
※原寸紙型刊載於附錄紙型A面。

材料

棉布
　　印花圖案①…22×42cm（表布圖案C的土台布）
　　印花圖案②…22×22cm（表布圖案A的土台布）
　　印花圖案③…22×22cm（表布圖案E的土台布）
　　印花圖案④…60×80cm（裡布）
　　深粉紅色…30×75cm（飾邊ⓐ・ⓑ）
　　格子花紋…55×55cm（滾邊用布）
　　數種布片…各適量（布片・貼布縫用布）
鋪棉…60×80cm

圖1 表布圖案A

尺寸圖

六角形布片
（布片）12片

3.2

約2.8

*預留0.7cm的縫份後
作裁剪。

六角形圖案的捲針縫併接法

③返回1針後，
以捲針縫
作止縫結。

②返回邊角後，
以捲針縫縫至
下一個邊角。

①於邊角的1針
前入針。

內襯

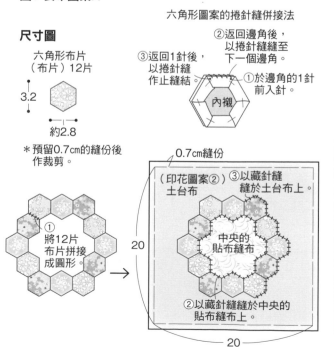

①將12片
布片拼接
成圓形。

0.7cm縫份

（印花圖案②）
土台布

③以藏針縫
縫於土台布上。

中央的
貼布縫布

20

②以藏針縫縫於中央的
貼布縫布上。

20

圖2 表布圖案B

尺寸圖

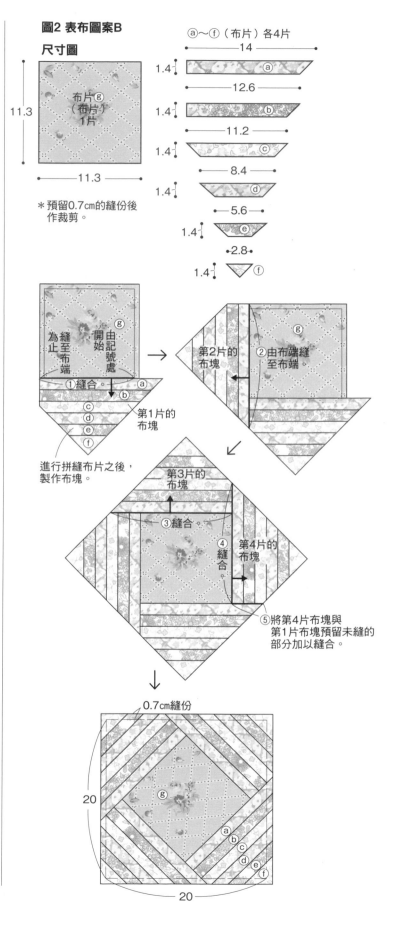

布片ⓖ
（布片）
1片

11.3

11.3

*預留0.7cm的縫份後
作裁剪。

ⓐ～ⓕ（布片）各4片

14　ⓐ　1.4

12.6　ⓑ　1.4

11.2　ⓒ　1.4

8.4　ⓓ　1.4

5.6　ⓔ　1.4

2.8　ⓕ　1.4

為縫止至布端
由開始記號處
ⓖ
①縫合
ⓐ
ⓑ
ⓒ
ⓓ
ⓔ
ⓕ
第1片的
布塊

第2片的
布塊
ⓖ
②由布端縫
至布端。

進行拼縫布片之後，
製作布塊。

第3片的
布塊
③縫合
ⓖ
④縫合
第4片的
布塊

⑤將第4片布塊與
第1片布塊預留未縫的
部分加以縫合。

0.7cm縫份
ⓖ
20
ⓐ
ⓑ
ⓒ
ⓓ
ⓔ
ⓕ
20

作法

1 參照原寸紙型與尺寸圖，裁剪各部件。

2 製作表布圖案A（圖1）。參照P.43，製作12片六角形布片（裝有內襯），並以捲針縫併接成圓形。將六角形圖案的布塊以藏針縫縫於中央的貼布縫布上。翻至背面，取出六角形裡的內襯。接著，藏針縫於土台布的中央處。露出背面，預留距藏針縫針趾0.7cm處的縫份之後，裁剪掉土台布的貼布縫部分。

3 製作表布圖案B（圖2）。拼接布片ⓐ至ⓕ，製作4片布塊。於布片ⓖ上，依照圖①至⑤的順序，縫合4片布塊。

4 製作表布圖案C（圖3）。於土台布上，將花籃的貼布縫用布以立針縫進行貼布縫。製作YOYO球的花朵與葉子（花朵與葉子最後再接縫上去）。

5 參照各圖，製作表布圖案D（P.58圖5）與表布圖案E（圖4）。

6 參照P.58圖6的完成圖，裁剪飾邊、鋪棉・裡布・滾邊布。併接表布圖案A至E，製作中央的布塊，接著與飾邊縫合之後，完成表布。描繪壓線線條。

7 疊放上裡布、鋪棉、步驟6的表布，作三層疏縫，並進行壓線。以寬3cm的斜布條包捲周圍，進行滾邊縫製（滾邊的方法請參照P.45）。

8 步驟4製作的YOYO球花朵與葉子，可於花籃與土台布上，依個人所喜愛的位置，或是參照附錄紙型，挑針至裡布縫合固定即完成！

圖3 表布圖案C

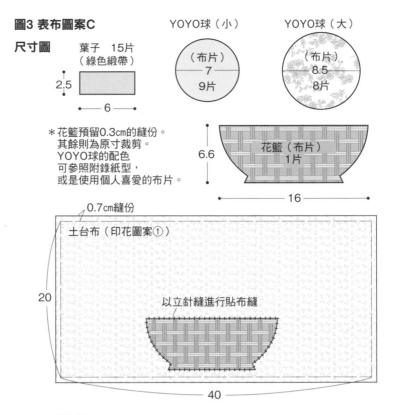

尺寸圖

葉子 15片（綠色緞帶）
2.5
6

YOYO球（小）
（布片）7
9片

YOYO球（大）
（布片）8.5
8片

＊花籃預留0.3cm的縫份。其餘則為原寸裁剪。YOYO球的配色可參照附錄紙型，或是使用個人喜愛的布片。

花籃（布片）1片
6.6
16

0.7cm縫份
土台布（印花圖案①）
20
以立針縫進行貼布縫
40

YOYO球的花朵

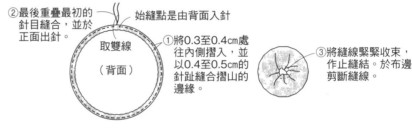

②最後重疊最初的針目縫合，並於正面出針。
始縫點是由背面入針
取雙線（背面）
①將0.3至0.4cm處往內側摺入，並以0.4至0.5cm的針趾縫合摺山的邊緣。
③將縫線緊緊收束，作止縫結。於布邊剪斷縫線。

葉子

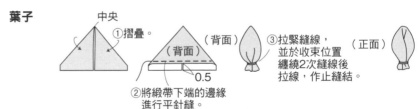

中央
①摺疊。
（背面）
（背面）
0.5
②將緞帶下端的邊緣進行平針縫。
③拉緊縫線，並於收束位置纏繞2次縫線後拉線，作止縫結。
（正面）

圖4 表布圖案E

尺寸圖

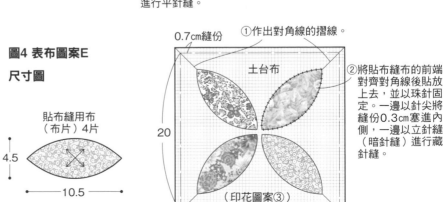

貼布縫用布（布片）4片
4.5
10.5
＊預留0.3cm的縫份後裁剪。

0.7cm縫份
①作出對角線的摺線。
土台布
②將貼布縫布的前端對齊對角線後貼放上去，並以珠針固定。一邊以針尖將縫份0.3cm塞進內側，一邊以立針縫（暗針縫）進行藏針縫。
20
（印花圖案③）
20

圖5 表布圖案D

尺寸圖

| 布片ⓐ（布片）13片 | 布片ⓑ（布片）8片 | 布片ⓒ（布片）4片 |

4.7 ×4.7

4.7 / 4.7（直角三角形）

4.7 / 2.35（直角三角形）

＊布片預留0.7cm的縫份後裁剪。

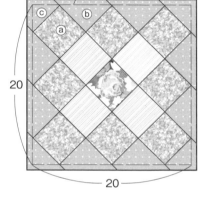

縫合　第1列
ⓑ　ⓐ　ⓑ
縫合　第2列
縫合　第3列
縫合　第4列
縫合　第5列
ⓒ

①製作1至5列的布塊。
　縫份每隔一列交錯倒向對側。
②將1至5列的布塊縫合在一起。
　最後再縫合布片ⓒ。

圖6

完成圖

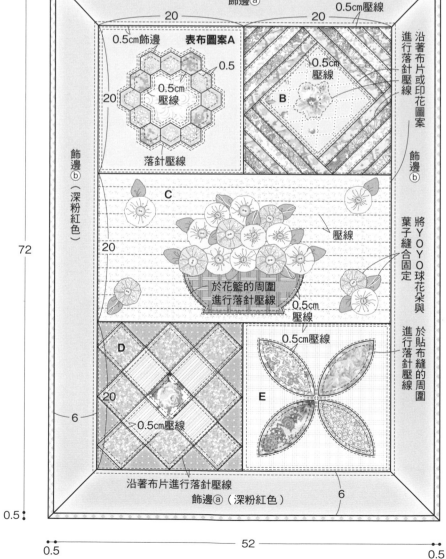

滾邊（格子花紋）

表布（拼布）
（鋪棉）　各1片
裡布（印花布④）

飾邊ⓐ

0.5cm壓線

0.5cm飾邊　表布圖案A

0.5　0.5cm壓線　0.5cm壓線

20　20

沿著布片或印花圖案進行落針壓線

落針壓線

飾邊ⓑ

B　0.5cm壓線

飾邊ⓑ（深粉紅色）

將YOYO球花朵與葉子縫合固定

C　壓線

於花籃的周圍進行落針壓線

0.5cm壓線

於貼布縫的周圍進行落針壓線

D　20

0.5cm壓線

0.5cm壓線

E　0.5cm壓線

沿著布片進行落針壓線

飾邊ⓐ（深粉紅色）

72　6　6　52　0.5　0.5　0.5　0.5

0.7cm縫份　ⓒ　ⓑ　ⓐ　20　20

＊飾邊ⓐ・ⓑ的縫份為1cm，鋪棉・裡布則預留3cm的縫份後裁剪。
＊滾邊布請事先以格子花紋布裁剪成寬3cm的斜布條，預備260cm長（參照P.34）。

作品 P.17

亞麻布迷你抱枕A

❀完成尺寸
26×26cm
❀原寸紙型刊載於附錄紙型B面。

材料

麻布
　織紋①…22×16cm（布片ⓓ・ⓕ）
　織紋②…12×22cm（布片ⓐ・ⓖ）
　刺繡布③…18×16cm（布片ⓒ・ⓔ）
　刺繡布④…12×12cm（布片ⓑ）
　淺駝色…26×22cm（後側主體）
棉布
　原色…24×24cm（襠布）
　印花圖案…寬8cm斜布條　長162cm
　（荷葉邊）
　格子花紋…45×22cm（抱枕芯）
鋪棉…24×24cm
拉鍊…長17cm　1條
蕾絲　喜愛的款式6種…各適量
鈕釦　喜愛的款式…7顆
木棉（或化纖棉）…適量

作法

1 參照原寸紙型與尺寸圖，裁剪各部件。

2 依照布片ⓐ至ⓖ的順序，以車縫或是手縫拼接布片，製作表布。縫份倒向單側。

3 於步驟**2**的表布上描繪壓線線條。再疊放上鋪棉・襠布後，作三層疏縫，並進行壓線（參照尺寸圖）。

4 對齊表布之後，裁剪掉鋪棉與襠布周圍多餘的縫份。沿著布片的接縫處貼放上喜愛的蕾絲，並以立針縫接縫。再於喜愛的位置接縫上鈕釦（圖1）。

5 於後側主體接縫上拉鍊（圖2）。

6 將荷葉邊接縫成圈狀，且背面相對對摺。由布端處開始以車縫粗縫0.7cm內側，拉縫線，抽細褶以符合主體周圍的尺寸。

7 包夾步驟**6**的布端1cm，並將前側主體與後側主體正面相對疊合，拉開拉鍊後，將周圍縫合一圈。翻至正面，整理輪廓（圖2）。

8 抱枕芯是將2片格子花紋布正面相對疊合，預留返口後，縫合周圍。翻至正面，填塞木棉（化纖棉），以藏針縫縫合返口。裝入主體之中，完成！

尺寸圖

前側主體
表布（拼布）
　　（鋪棉）　　各1枚
襠布（原色）

（織紋②）沿著花樣進行壓線

壓線
ⓖ　ⓒ　ⓑ　ⓓ
刺繡
花樣④
ⓐ
織紋①　　ⓔ
ⓕ　（刺繡布③）
20
20

後側主體
（淺駝色）
2片
拉鍊接縫位置
1.5
1.5
20
10

抱枕芯
（格子花紋）2片
20
5　10cm返口

荷葉邊（印花圖案）
8
162

＊荷葉邊為原寸裁剪；除了布片的縫份為0.7cm，後側主體的拉鍊接縫側、鋪棉・襠布的縫份為2cm之外，其餘則預留1cm的縫份後裁剪。

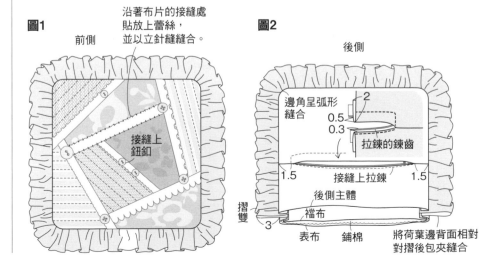

圖1
前側
沿著布片的接縫處貼放上蕾絲，並以立針縫縫合。
接縫上鈕釦

圖2
後側
邊角呈弧形縫合
2
0.5
0.3
拉鍊的鍊齒
1.5　接縫上拉鍊　1.5
後側主體
摺雙
襠布
3
表布　鋪棉　將荷葉邊背面相對對摺後包夾縫合

作品 P.17

亞麻布迷你抱枕B

※完成尺寸
　長18cm、寬35cm

材料

麻布
　織紋①…20×10cm（布片ⓐ）
　織紋②…10×10cm（布片ⓐ）
　織紋③…67×20cm（布片ⓐ・
　　後側主體A、B）
　織紋④…37×4cm（布片ⓑ）
　刺繡布⑤…10×10cm（布片ⓐ）
　刺繡布⑥…37×7cm（布片ⓓ）
　淺駝色…37×6cm（布片ⓒ）
棉布　原色…62×40cm（襯布・
抱枕芯）
鋪棉…40×22cm
蕾絲　原色…寬0.8cm　45cm、寬2cm
　57cm、寬2.5cm　30cm（薔薇花飾用）、
　0.8cm寬2種　各30cm（薔薇花飾用）
緞帶　白色…寬1cm　30cm（薔薇花飾用）
配件…直徑約1.6cm　1個
鈕釦…直徑0.8cm　7個
魔鬼氈…寬2.5cm　3.5cm
木棉（或是化纖棉）…適量

作法

1　參照尺寸圖，裁剪各部件。
2　進行拼縫布片之後，製作表布，並描繪
　壓線線條（參照尺寸圖）。
3　疊放上襯布・鋪棉・步驟2的表布，作
　三層疏縫，並進行壓線。鋪棉與襯布對
　齊表布之後，裁剪掉周圍多餘的縫份。
　前側主體完成。
4　參照圖1，於前側主體接縫上蕾絲與鈕
　釦。
5　將後側主體A・B的袋口處三摺邊之後
　縫合。將前側主體與後側主體正面相對
　疊合，縫合周圍。翻至正面，整理輪廓
　（圖2）。
6　製作薔薇花飾，縫合固定於前側主體
　（圖3）。

尺寸圖

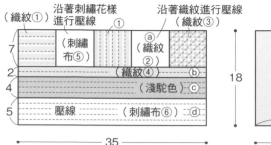

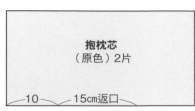

＊包釦與後側主體的袋口側為原寸裁剪；除了布片的縫份為0.7cm，
　鋪棉・襯布的縫份為2cm之外，其餘則預留1cm的縫份後裁剪。

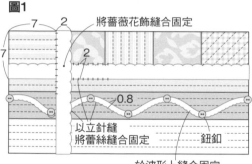

7　製作抱枕芯（參照P.59、亞麻布
　迷你抱枕A），放入主體之中。完
　成！

作品 P.18

圓形抱枕

前側　　　　　後側

※完成尺寸
　直徑約32cm、高15cm
※原寸紙型刊載於附錄紙型A面。

材料
棉布
　印花圖案8種…各19×22cm
　　（側面的布片）
　原色…寬110cm　長100cm（上面、底面
　　的裡布・側面裡布・裡袋）
織目較粗的棉布　印花圖案…直徑24cm
　的圓　2片（上面、底面的表布）
絲織布　棕色…寬3cm斜布條
　長76cm　2片（滾邊用布）
木棉（或是化纖棉）…適量
鋪棉…26×52cm

作法
1　參照尺寸圖，裁剪各部件。
2　製作裡袋（圖1）。
3　橫向縫合側面的8片布片，縫份倒向單
　側（圖2）。
4　將2片側面裡布縫合成1片布，並以熨
　斗燙開兩側縫份。背面相對疊放於步驟
　3布塊的背面上，進行疏縫，並於布片
　的針趾邊緣由正面進行落針壓縫。接
　著，正面相對接縫成圈狀，縫份倒向單
　側，進行暗線壓縫（圖3-①）。
5　將步驟4的主體兩端以車縫（或是平針
　縫）粗縫。拉縫線，抽細褶，收束成
　96cm的圓周（圖3-②）。
6　上面（底面）是疊放上鋪棉與裡布，作
　三層疏縫，並沿著印花圖案進行壓線。
　將滾邊布正面相對貼放於正面，縫合一
　圈。對齊滾邊的布邊，裁剪掉表布・鋪
　棉・裡布周圍多餘的縫份。以滾邊布包
　捲縫份，進行疏縫。於滾邊的針趾邊
　緣，進行暗線壓縫（圖4）。
7　整理步驟5側面的細褶，並將步驟6的
　上側背面相對疊放，以車縫縫合一圈

尺寸圖

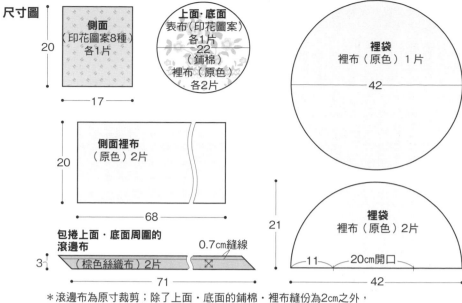

側面
（印花圖案8種）
各1片

20

17

上面・底面
表布（印花圖案）
各1片
22
（鋪棉）
裡布（原色）
各2片

裡袋
裡布（原色）1片

42

側面裡布
（原色）2片

20

68

21

裡袋
裡布（原色）2片

11　20cm開口

42

包捲上面・底面周圍的
滾邊布

3　（棕色絲織布）2片

0.7cm縫線

71

＊滾邊布為原寸裁剪；除了上面・底面的鋪棉・裡布縫份為2cm之外，
　其餘則預留1cm的縫份後裁剪。

圖1

後側
①縫合　預留　①縫合
　　　開口處不縫
②縫合前側與後側。
前側

※木棉裝入裡袋之後，
　再塞於抱枕中。

圖2

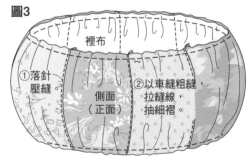

縫合8片
布片，
縫份倒向
單側。

（正面）

圖3

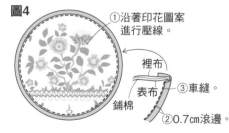

裡布
①落針
　壓縫
側面
（正面）
②以車縫粗縫，
　拉縫線，
　抽細褶

（圖5）。

8　將底面背面相對對疊於步驟7側面的另
　一側，並以車縫縫合至大約一半之處。
　由預留未縫的位置裝入步驟2的裡袋，
　內部填塞木棉之後，縫合裡袋的開口
　處。側面與底面預留未縫之處則以藏針
　縫予以縫合。
＊難以車縫之處，亦可全部進行藏針縫。

圖4

①沿著印花圖案
　進行壓線。

裡布

③車縫

鋪棉

表布

②0.7cm滾邊

圖5

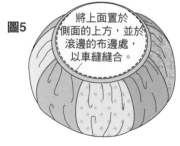

將上面置於
側面的上方，並於
滾邊的布邊處，
以車縫縫合。

作品 P.19

迷你抱枕

～～～～～～～～～～

※完成尺寸
　18×38cm
※原寸紙型刊載於附錄紙型B面。

材料
棉布
　印花圖案①…15×8cm　4片
　　（貼布縫用布ⓑ）
　印花圖案②…22×22cm
　　（貼布縫用布ⓐ）
　原色…42×22cm（襯布）
棉麻混織
　茶色…20×20cm（土台布）、
　　　55×20cm（後側主體A・B）
　淺茶色…24×20cm（布片ⓒ）
鋪棉…42×22cm
包釦　茶色…直徑2cm　1個
羅緞緞帶…①茶色　寬1.5cm・
　　　　　②紫　寬1cm　各20cm
飾帶…③茶色系　寬1.8cm・
　　　④淺茶色　寬2cm　各20cm
蕾絲…⑤原色　寬2.2cm　20cm
緞帶…⑥茶色　寬2cm　20cm
抱枕芯…18×37cm　1個

作法
1 參照原寸紙型與尺寸圖，裁剪各部件。
2 前側主體表布是參照P.41，製作阿拉巴馬星之美人（Alabama star Beauty）的表布圖案，並於兩側脇邊縫合布片ⓒ。縫份倒向布片ⓒ側。
3 於步驟2的表布上，描繪壓線線條。於襯布的背面疊放鋪棉，再於此上方疊放表布後，疏縫並進行壓線。拆除疏縫線。
4 對齊表布之後，裁剪掉鋪棉與襯布周圍多餘的縫份。參照尺寸圖，貼放上羅緞緞帶或蕾絲，並以珠針固定（或是進行疏縫），車縫固定。
5 將後側主體A・B袋口處的縫份6cm三摺邊之後，縫合固定（圖1）。將後側主體A・B對齊完成的形狀，進行疏縫。與前側主體正面對疊，車縫周圍。
6 由返口處翻至正面，整理形狀。將抱枕芯裝入內部，完成。

尺寸圖　前側主體　表布（拼布）（鋪棉）　襯布（原色）　各1片

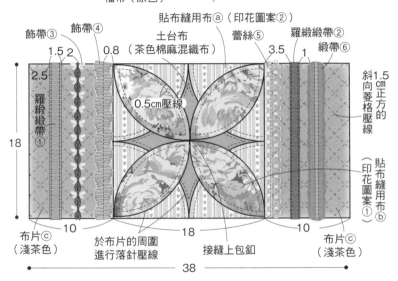

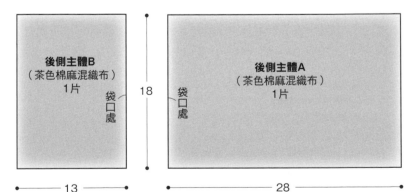

＊除了襯布・鋪棉的縫份為2cm，後側主體A・B袋口處的縫份為6cm之外，其餘則預留0.7cm的縫份後裁剪。
＊以後側主體的尺寸為基準。最好先測量已壓線完成的前側主體尺寸，再推算出來較佳。

圖1

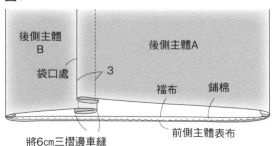

作品 P.20
針插墊 ×5

A

E

B

C

D

※完成尺寸

A 11×6cm　B 直徑5.5cm、厚度約1.3cm

C 直徑5.5cm　D 寬度約5cm、高度約6cm

E 9×9cm

A 材料

棉布

　印花圖案6種…各13×3cm（布片）

　淺駝色…8×5cm（貼布縫用土台布）

　原色…13×8cm（襠布）

緹花布　米白色…13×8cm

　（後側主體表布）

鋪棉…13×8cm

緞帶蕾絲

　淺駝色…寬1.2cm　長25cm、個人喜愛

　　的款式…各4〜4.5cm　7條（貼布縫

　　用）

緞帶捲玫瑰…4朵

羊毛填充棉…適量

作法

1 參照原寸紙型與尺寸圖，裁剪各部件。

2 進行拼縫布片之後，製作前側主體表布。疊合成三層後，進行疏縫。

3 將喜愛的7條蕾絲置於貼布縫用土台布上，以立針縫進行貼布縫。將此部件置於前側主體的中央，進行疏縫。以立針縫將寬1.2cm的蕾絲縫合固定於貼布縫用土台布的周圍。

4 將步驟3的前側主體與後側主體正面相對疊合，預留返口之後，縫合周圍。翻至正面，填塞羊毛填充棉，並將返口藏針縫。將4朵緞帶捲玫瑰縫合固定於蕾絲上方。

E 材料

棉布

　印花圖案①…16×14cm（布片ⓐ・ⓒ）

　印花圖案②…15×11cm（布片ⓑ）

　原色…11×11cm（襠布）

緹花布　綠色…11×11cm

　（後側主體表布）

鋪棉…11×11cm

鈕釦

　直徑1cm（圓釦）…4顆

　直徑1.2cm（四孔縫線釦）…1顆

羊毛填充棉…適量

作法

1 參照P.65的原寸紙型與尺寸圖，裁剪各部件。

2 進行拼縫布片之後，製作表布；將鋪棉・襠布疊合，作三層疏縫，並進行壓線。將後側主體表布正面相對疊放上去，預留返口，縫合周圍。

3 由返口處翻至正面。填塞羊毛填充棉，並將返口進行藏針縫。

4 取2條手縫線，並於線端處作玉結（始縫結），由後側主體中央入針，於前側主體中央出針。穿入四孔縫線釦中，再於後側主體中央出針，一邊將縫線拉緊，一邊於鈕釦的孔洞中大約穿線2次之後，接縫固定。最後於四個角落接縫上鈕釦。

E 尺寸圖

前側主體

表布（拼布）　各

　　（鋪棉）　　1

襠布（原色）　　片

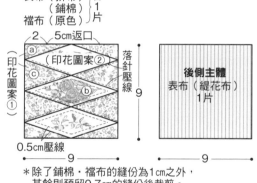

2　5cm返口

ⓐ（印花圖案②）

（印花圖案①）

ⓒ

ⓑ

落針壓線

0.5cm壓線

9

9

後側主體

表布（緹花布）

1片

9

9

＊除了鋪棉・襠布的縫份為1cm之外，其餘則預留0.7cm的縫份後裁剪。

①填塞棉花，並將填塞口進行藏針縫。

②挑針至後側的布面，一邊拉緊縫線，一邊接縫上鈕釦。

③接縫上圓釦。

A 尺寸圖

前側主體

表布（拼布）　各

　　（鋪棉）　　1

襠布（原色）　　片

貼布縫

土台布（淺駝色）

1片

3.8

7

＊除了貼布縫用土台布的縫份為0.3cm，鋪棉・襠布的縫份為1cm之外，其餘則預留0.7cm的縫份後裁剪。

•＝1

3　5cm返口

11

後側主體

表布（緹花布）

1片

6

11

①以立針縫將7條蕾絲縫合固定於貼布縫用土台布上。

②將貼布縫用土台布置於前側主體上，進行疏縫。

③於貼布縫用土台布的周圍，以立針縫縫上蕾絲，外圍則以藏針縫縫至主體。

④接縫上緞帶捲玫瑰。

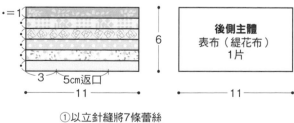

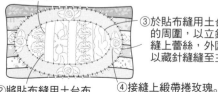

貼布縫
土台布
原寸紙型

B 材料

棉布　花朵圖案印花2種
　…各8×8cm（主體表布）
羊毛布…適量（內容物）
厚紙板…直徑5.5cm　2片（內襯）
羅緞緞帶　酒紅色…寬1cm　長19cm
天鵝絨緞帶　酒紅色…寬0.9cm　長22cm
鈕釦　酒紅色…直徑1cm　1顆

作法

1 參照原寸紙型與尺寸圖，裁剪各部件。
2 參照圖1，製作2片主體表布。
3 將羊毛布一層層地捲繞後，製作內容物（圖2）。於步驟2的內襯塗上黏著劑，如同包夾著內容物般的黏貼上去（圖3）。
4 參照圖3至4，完成。

C 材料

棉布　印花圖案8種…各適量（布片）
天鵝絨緞帶　藍色…寬0.9cm　長38cm
蕾絲　原色…寬4cm　長28cm
羊毛填充棉…適量
厚紙板（相當於明信片的厚度）
　…適量（內襯）

作法

1 參照原寸紙型與尺寸圖，裁剪12片五角形圖案的布片。
2 五角形布片是將內襯裝入後，再一邊將縫份倒向內襯側，一邊進行疏縫（參照圖1・P.43六角形的作法）。此布片共製作12片。
3 將步驟2每6片以捲針縫併接。共製作2組（圖2），參照圖3，以捲針縫併接而成，製作主體。
4 接縫上天鵝絨緞帶與蕾絲，完成（圖4）！

B 尺寸圖

主體內襯
（厚紙板）2片
5.5

主體表布
（印花圖案）2片
7.5

內容物（羊毛布）
0.9
捲繞後，成直徑5.5cm的長度。

＊全部皆為原寸裁剪。

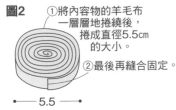

圖1
將印花圖案的周圍進行平針縫，並於內部裝入內襯後，束緊。製作2片。
內襯

圖2
①將內容物的羊毛布一層層地捲繞後，捲成直徑5.5cm的大小。
②最後再縫合固定。
5.5

圖3
②將周圍以羅緞緞帶纏繞上去，並以立針縫縫合固定於主體上。
③對齊之後，進行捲針縫。
往內側摺入1cm
①於內襯的厚紙板上薄薄地塗上一層黏著劑，由兩側包夾著內容物黏貼上去。
主體表布（正面）

圖4
鈕釦
長7cm
4.5
④如圖所示疊放上羅緞緞帶，並以鈕釦縫合固定於步驟③羅緞緞帶的接縫處上。

C 尺寸圖

主體表布（拼布）2片
2
2

＊布片預留0.7cm的縫份後裁剪。

B・C 的原寸紙型

主體表布
主體內襯
B
C
五角形布片（布片布・厚紙板）

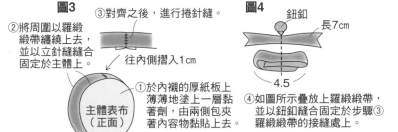
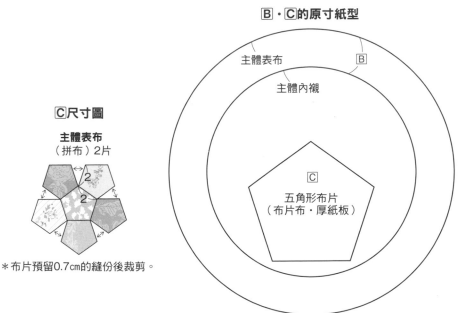
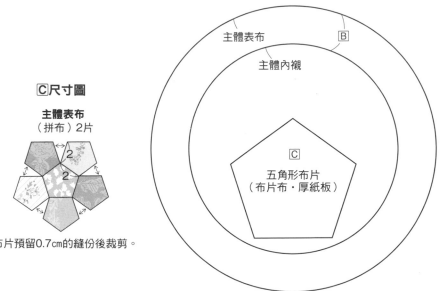

圖1
裝入內襯後，各將每一邊縫份倒向內襯側，進行疏縫。

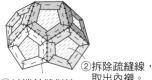
圖2
②拆除疏縫線，取出內襯。
①以捲針縫併接。

圖3
②預留2邊，充分的裝入填充棉，再進行捲針縫。
①將2個部件背面相對對齊之後，進行捲針縫。

圖4
②對齊之後，進行捲針縫。
①呈十字拉上緞帶，進行藏針縫。
③將已繫成蝴蝶結的蕾絲縫合固定於捲針縫目上。
立針縫

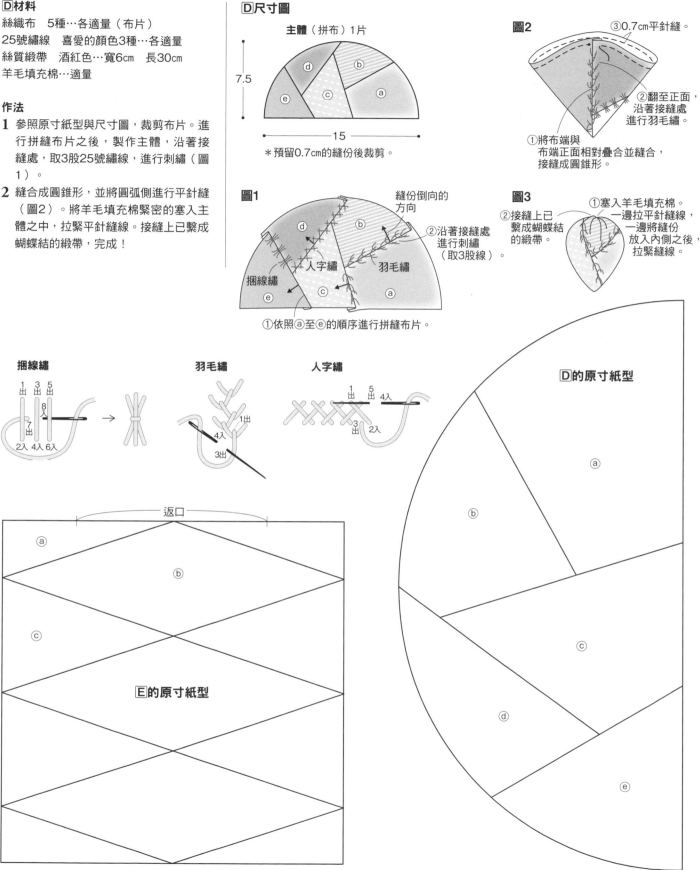

D材料

絲織布　5種…各適量（布片）
25號繡線　喜愛的顏色3種…各適量
絲質緞帶　酒紅色…寬6cm　長30cm
羊毛填充棉…適量

作法

1 參照原寸紙型與尺寸圖，裁剪布片。進行拼縫布片之後，製作主體，沿著接縫處，取3股25號繡線，進行刺繡（圖1）。

2 縫合成圓錐形，並將圓弧側進行平針縫（圖2）。將羊毛填充棉緊密的塞入主體之中，拉緊平針縫線。接縫上已繫成蝴蝶結的緞帶，完成！

D尺寸圖

主體（拼布）1片

7.5

15

＊預留0.7cm的縫份後裁剪。

圖2

③0.7cm平針縫。

②翻至正面，沿著接縫處進行羽毛繡。

①將布端與布端正面相對疊合並縫合，接縫成圓錐形。

圖1

縫份倒向的方向

②沿著接縫處進行刺繡（取3股線）。

人字繡

羽毛繡

捆線繡

d

b

e

c

a

①依照ⓐ至ⓔ的順序進行拼縫布片。

圖3

①塞入羊毛填充棉。一邊拉平針縫線，一邊將縫份放入內側之後，拉緊縫線。

②接縫上已繫成蝴蝶結的緞帶。

捆線繡

1出　3出　5出
8入
7入
2入　4入　6入

羽毛繡

1出
4入
3出

人字繡

1出　5入　4入
3出　2入

E的原寸紙型

返口

a
b
c

D的原寸紙型

a
b
c
d
e

作品 P.22

YOYO球
飾框迷你壁飾

※完成尺寸
　64×64cm
※YOYO球的原寸紙型與布片ⓐ的壓線
　圖案刊載於附錄紙型A面。

材料

棉布
印花圖案…32×32cm（布片ⓐ）
駝色…50×65cm（飾邊）
印花圖案2種・棕色…各適量
　（YOYO球）
米灰色…65×65cm（裡布）
原色…69×69cm（襠布）
棉麻布　棕色…適量（YOYO球）
絲織布
條紋花樣…50×25cm（布片ⓑ）
棕色…適量（YOYO球）
焦茶色…寬3cm斜布條　長260cm
　（滾邊用布）
鋪棉…69×69cm
緞帶蕾絲　白色　寬1.2cm　長190cm
花樣蕾絲　白色…喜愛的款式　6片
　（貼布縫）
鈕釦・配件…喜愛的款式　適量

YOYO球ⓒ　7
YOYO球ⓓ　8
YOYO球ⓔ　10
全部共計90片

作法

1 參照尺寸圖與原寸紙型，裁剪各部件。
2 於布片ⓐ的周圍縫上布片ⓑ，縫份倒向
　尺寸圖中箭頭指示的方向。形成中央的
　布塊。
3 縫合4片飾邊，製作邊框；將步驟2的
　中央布塊鑲嵌縫合後，製作表布（參照
　P.44）。
4 參照附錄的圖案，於步驟3的表布上描
　繪壓線線條。將襠布・鋪棉・表布疊
　合，作三層疏縫，並進行壓線。
5 將蕾絲縫合固定於飾邊上。緞帶蕾絲縫
　合固定於中央布塊側的布端上，花樣蕾
　絲的位置則依個人喜好決定（圖2）。

6 使用棉布・棉麻布・絲織布，全部共製
　作90片的YOYO球ⓒ・ⓓ・ⓔ（參照
　P.57）。於布片a的邊角處配置印花圖案
　的YOYO球e，剩餘的86片YOYO球則自
　由配置在布片ⓐ與ⓑ的接縫處周圍，並
　與鈕釦或配件一起，挑針至襠布後，予
　以縫合固定（圖1）。
7 將裡布背面相對疊放於襠布側，進行
　疏縫。以寬3cm的斜布條包捲周圍，進
　行滾邊縫製（滾邊的接縫方法請參照
　P.45）。

尺寸圖

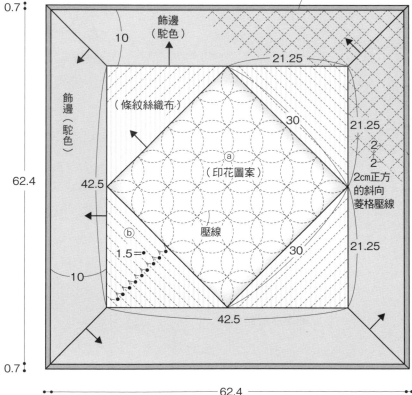

主體
表布（拼縫布片・貼布縫用布）（鋪棉）
襠布（原色）
裡布（米灰色）　各1片

滾邊（焦茶色絲織布）

飾邊（駝色）
（條紋絲織布）
ⓐ（印花圖案）
ⓑ
壓線
飾邊（駝色）
0.7
10
21.25
30
21.25
2
2
2cm正方
的斜向
菱格壓線
21.25
62.4
42.5
30
1.5
10
42.5
0.7
62.4
0.7
0.7

＊YOYO球為原寸裁剪；布片ⓐ・ⓑ的縫份為0.7cm，飾邊・裡布的縫份為1cm，
　襠布・鋪棉則預留3cm的縫份後裁剪。

66

圖1

③於YOYO球
的中心處
入針。

取2條拼布線

②穿入鈕釦孔。

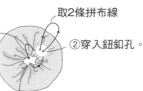

①由壁飾的襠布側出針。

④拉步驟③的線，
並於襠布側作留結（止縫結），
配件也以相同方式固定。

沒有接縫鈕釦或配件的YOYO球
則將中央處固定。

圖2

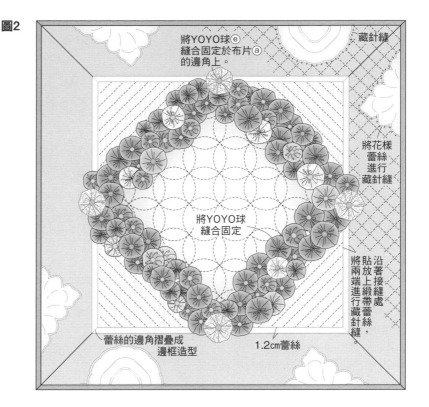

將YOYO球⑥
縫合固定於布片⑧
的邊角上。

藏針縫

將花樣
蕾絲
進行
藏針縫

將YOYO球
縫合固定

沿著接縫處貼放上緞帶蕾絲，將兩端進行藏針縫，

蕾絲的邊角摺疊成
邊框造型

1.2cm蕾絲

作品 P.29

風琴式多夾層波奇包

❋完成尺寸
　　長14.7cm、寬21.4cm
❋原寸紙型刊載於附錄紙型B面。

材料
棉緞布　淺駝色…110cm斜布條
　　50cm（主體裡布・口袋外側・包捲主體
　　周圍的滾邊布）
棉麻布　印花圖案…15×36cm（布片⑧）
棉布
　　印花圖案①…12×36cm（布片⑥）
　　印花圖案②…63×24cm（口袋內側）
　　原色…24×38cm（襠布）
鋪棉…24×38cm
羅緞緞帶　綠色…寬1.5cm　長32cm
飾帶　綠色…寬1.2cm　長5cm
薄型磁釦（手縫型）
　　復古金色…直徑2cm　1組

尺寸圖

＊滾邊布為原寸裁剪；除了鋪棉，口袋外側僅1片的袋口側縫份為2cm之外，其餘則預留0.7cm的縫份後裁剪。

＊裡布是測量已壓線完成的主體尺寸，再推算出來。以尺寸圖的尺寸為基準。

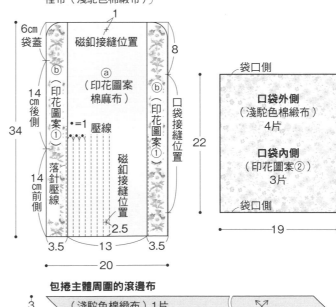

主體
表布（拼布）（鋪棉）
襠布（原色）　　　　　各1片
裡布（淺駝色棉緞布）

口袋外側
（淺駝色棉緞布）
4片

口袋內側
（印花圖案②）
3片

包捲主體周圍的滾邊布
（淺駝色棉緞布）1片

作法

1 參照尺寸圖，裁剪各部件。

2 進行拼縫布片之後，製作表布，描繪壓線線條（參照尺寸圖）。與鋪棉・襯布疊合之後，作三層疏縫，並進行壓線。對齊表布之後，裁剪掉鋪棉與襯布周圍多餘的縫份。

3 將袋口側已附加2cm縫份之口袋外側的袋口側進行收邊處理。疊放於裡布的正面，進行疏縫（圖1）。

4 其餘的口袋請參照圖2進行縫合。製作3片相同物。

5 將步驟3的裡布背面相對疊放於步驟2主體的襯布側，並於周圍進行疏縫。以滾邊布包捲周圍進行收邊處理（圖4－①）。

6 將3片步驟4的口袋對齊之後，予以縫合（圖3）。

7 將步驟6的口袋縫合固定於步驟5主體裡布側的口袋外側（圖4－②）。

8 參照尺寸圖，接縫上磁釦。最後於袋蓋的正面接縫上蝴蝶結裝飾（圖5）。

圖1

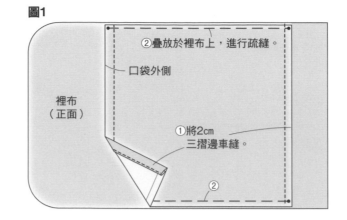

②疊放於裡布上，進行疏縫。

口袋外側

裡布（正面）

①將2cm三摺邊車縫。

②

圖2

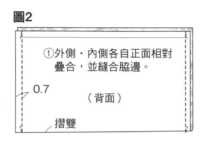

①外側・內側各自正面相對疊合，並縫合脇邊。

0.7

（背面）

摺雙

③將袋口側縫份0.7cm摺往內側後，進行車縫。

②

將內側口袋背面相對對疊放進外側內。

脇邊的縫份交錯倒向對側

外側

內側

圖3

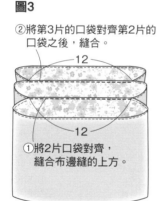

②將第3片的口袋對齊第2片的口袋之後，縫合。

12

12

①將2片口袋對齊，縫合布邊縫的上方。

圖4

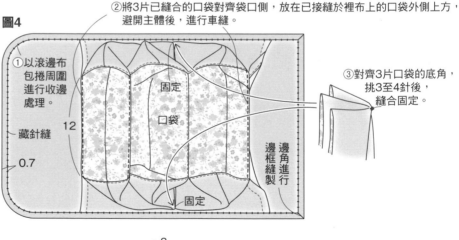

②將3片已縫合的口袋對齊袋口側，放在已接縫於裡布上的口袋外側上方，避開主體後，進行車縫。

①以滾邊布包捲周圍進行收邊處理。

藏針縫

0.7

12

固定口袋

固定

③對齊3片口袋的底角，挑3至4針後，縫合固定。

邊框縫製

邊角進行邊框縫製

圖5

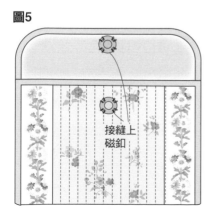

接縫上磁釦

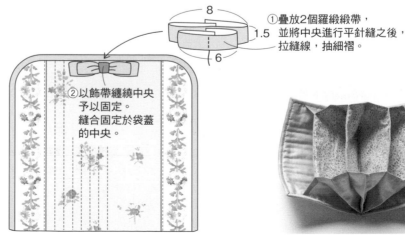

②以飾帶纏繞中央予以固定。縫合固定於袋蓋的中央。

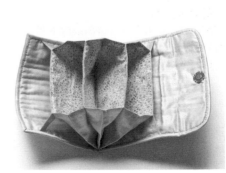

8

1.5

6

①疊放2個羅緞緞帶，並將中央進行平針縫之後，拉縫線，抽細褶。

作品 P.25

方形波奇包

❀完成尺寸
　長20.6cm、寬20cm
❀原寸紙型刊載於附錄紙型A面。

材料

棉布
　印花圖案①…25×40cm
　　（布片ⓑ・ⓒ・後側主體表布）
　印花圖案②…13×26cm（布片ⓐ）
　印花圖案③…13×13cm（布片ⓐ）
　印花圖案④…6.5×6.5cm（布片ⓐ）
　印花圖案⑤…52×25cm（裡布）
　織紋…寬3cm斜布條　43cm
　　（滾邊用布）
鋪棉…25×50cm
緞帶　深粉紅色…寬1.5cm　長30cm
拉鍊　淺駝色…長21cm　1條

尺寸圖

袋口側的滾邊布（織紋）1片　　原寸裁剪
43　　3

*布片・後側主體的表布
縫份為0.7cm，
裡布・鋪棉則預留2cm的
縫份後作裁剪。

前側主體
表布（拼布）
　　（鋪棉）　各1片
裡布（印花布⑤）

印花布①
印花布②
印花布③
印花布④
ⓑ　ⓒ
ⓐ
ⓑ
0.5cm菱格壓線
20
1.5
20

後側主體
表布（印花布①）
　　（鋪棉）　各1片
裡布（印花布⑤）

2cm正方的
斜向菱格壓線
2
2
20

作法

1 參照尺寸圖，裁剪各部件。
2 參照P.58，進行拼縫布片之後，製作前側主體表布。將裡布・鋪棉・表布疊合，作三層疏縫，並進行壓線（參照尺寸圖）。拆除疏縫線。
3 後側主體亦是疊放三層作疏縫，並進行壓線（參照尺寸圖）。
4 前側主體與後側主體是於表布的表側描繪完成線。沿著此完成線，挑針至裡布，進行疏縫（圖1）。
5 將前、後側主體正面相對，對齊步驟4的疏縫後，以珠針固定。進行車縫，拆

除疏縫線。預留1片前側主體的裡布，將周圍的縫份裁剪至0.5～0.6cm（圖2）。
6 使用步驟5中預留的裡布包捲周圍的縫份，並以藏針縫縫於針趾邊緣（圖3）。
7 測量步驟6袋口側的尺寸，並於縫份添加上1cm的尺寸即為滾邊布的尺寸。於0.5cm的縫份處縫合成圈狀，並以熨斗燙開兩側縫份。以此滾邊布包捲主體的袋口側（圖4）。
8 將拉鍊貼放於袋口側的滾邊，挑針至鋪棉處，以星止縫縫合固定（圖5）。
9 將長30cm的緞帶繫成蝴蝶結之後，縫合固定於前側主體的上部（圖5）。

圖1
裡布（背面）
鋪棉　表布（正面）
挑針至裡布，進行疏縫。

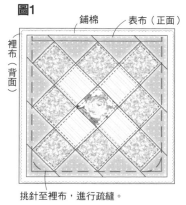

圖2
③口袋側的縫份裁剪至0.5～0.6cm。
前側主體的表布
鋪棉
後側主體的表布
後側主體裡布
②縫份裁剪至0.5～0.6cm。
②預留前側主體的裡布。
①沿著疏縫處，進行車縫。

圖3

後側主體裡布
前側主體裡布
以裡布包捲縫份進行立針縫

圖4
後側
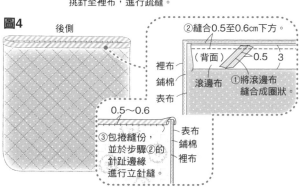
②縫合0.5至0.6cm下方。
（背面）　0.5　3
裡布
鋪棉
表布
滾邊布
①將滾邊布縫合成圈狀。
0.5～0.6
③包捲縫份，並於步驟②的針趾邊緣進行立針縫。
表布
鋪棉
裡布

圖5
將蝴蝶結縫合固定

拉鍊（背面）
滾邊
②邊端進行立針縫
①於滾邊的脇邊進行星止縫
表布
裡布
拉鍊的上下方沿著脇邊摺疊
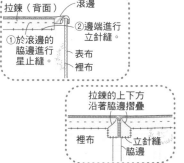
裡布
立針縫
脇邊

作品 P.25

拉鍊波奇包

材料

麻布　螢光綠…27×38cm（布片ⓒ、滾邊用布）

棉布　螢光綠…7.5×4.5cm（布片ⓑ）、織紋…22×38cm（裡布）、數種布片…各適量（布片ⓐ）

鋪棉…22×38cm

緞帶蕾絲　白色…寬4cm　7.5cm（布片ⓑ）、寬0.7cm　18cm

緞帶　綠色…寬1.5cm（1）　14cm・寬0.5cm（2）　12cm

拉鍊…長18cm　1條

尺寸圖

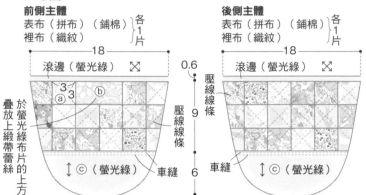

前側主體

表布（拼布）（鋪棉）｝各1片
裡布（織紋）

滾邊（螢光綠）

18

3 ⓐ 3 ⓑ

於螢光綠布片的上方疊放上緞帶蕾絲

ⓒ（螢光綠）

壓線線條

車縫

後側主體

表布（拼布）（鋪棉）｝各1片
裡布（織紋）

滾邊（螢光綠）

18

0.6

壓線線條

9

車縫　ⓒ（螢光綠）　6

＊布片ⓐ（34片）・布片ⓑ（1片）預留0.7cm的縫份。準備2片19.5×7.5cm的布片ⓒ，以及22×19cm的裡布・鋪棉各2片。滾邊用布是以寬3cm斜布條作裁剪，接縫成38cm長。

※完成尺寸

長約15.6cm、寬約18cm

※原寸紙型刊載於附錄紙型B面。

---

① 進行拼縫布片之後，製作後側主體的表布。

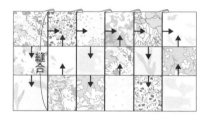

縫合

1 參照原寸紙型與尺寸圖，裁剪各部件。將布片ⓐ進行拼縫之後，製作主體上側的布塊。

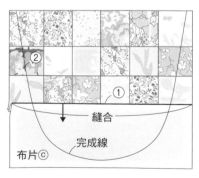

②
①
縫合
完成線
布片ⓒ

2 縫合步驟**1**的布塊與布片ⓒ，縫份倒向布片ⓒ側（①）。貼放上主體的紙型，描繪完成線（②）。完成後側主體的表布。

② 製作前側主體的表布

1 將寬4cm的緞帶蕾絲疊放於布片b的上方，進行疏縫。

布片ⓑ

疏縫

緞帶蕾絲

A 第1列　第2列
B 布片ⓑ 第3列　第4列　縫合
C 第5列　第6列　縫合

2 進行拼縫布片之後，製作布塊A・B・C。

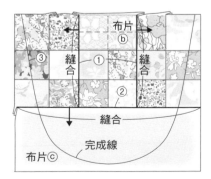

布片ⓑ

③ 縫合 ① 縫合

②

縫合

完成線

布片ⓒ

3 縫合步驟**2**的3種布塊。接著，縫合布片ⓒ（①②），縫份倒向布片ⓒ側。貼放上紙型，描繪完成線（③）。完成前側主體的表布。

③ 進行壓線

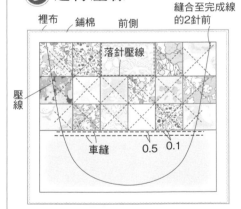

裡布　鋪棉　前側　縫合至完成線的2針前

落針壓線

壓線

車縫　0.5　0.1

1 於表布上描繪壓線線條（參照尺寸圖）。將裡布・鋪棉・表布疊合，作三層疏縫。布片ⓑ進行落針壓線，布片ⓐ進行壓線，布片ⓒ則以車縫進行拼接。後側主體亦以相同方式進行壓線。

邊角摺疊成邊框造型　寬0.7cm緞帶蕾絲

立針縫

2 將緞帶蕾絲以立針縫縫合固定於前側主體之布片ⓑ的周圍。

④ 縫製成袋子

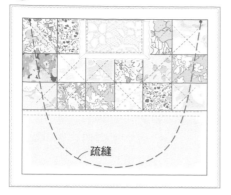

1 沿著完成線，挑針至裡布，進行疏縫。後側亦以相同方式進行。

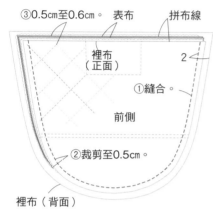

③0.5cm至0.6cm。　表布　拼布線
裡布（正面）
2
①縫合。
前側
②裁剪至0.5cm。
裡布（背面）

2 將前側與後側正面相對疊合，對齊步驟1的疏縫線，並以珠針固定。沿著疏縫線車縫（①），拆除疏縫線。除了用來包捲縫份的後側裡布縫份為2cm以外，其餘縫份皆裁剪至0.5cm。袋口側的縫份亦裁剪至0.5～0.6cm（③）。

3 以多餘的裡布牢牢的包捲縫份，並於針趾邊緣以立針縫進行藏針縫。
立針縫

包捲縫份，進行立針縫
裡布
←　裡布

滾邊布（背面）
裡布
鋪棉
表布
0.6cm縫合3

立針縫　　0.6cm滾邊

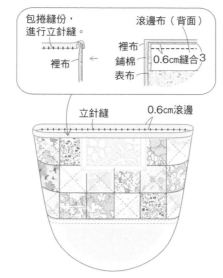

4 將滾邊布對齊主體袋口側的周圍，正面相對貼放於袋口側後，縫合0.6cm下方。將滾邊布翻至正面之後，包捲縫份，以立針縫進行藏針縫。

挑針滾邊的針趾邊緣，進行星止縫。
2
①星止縫。
②立針縫。
兩端沿著針趾處摺疊，並以立針縫縫合固定。
裡布（正面）
拉鍊（背面）

以2cm緞帶B纏繞底部後，以捲針縫縫合。
於拉鍊的拉頭穿入2種緞帶
長14cm的緞帶（1）
長12cm的緞帶（2）

5 以星止縫將拉鍊縫合固定於袋口側的內側（①）。邊端則以立針縫進行藏針縫（②）。翻至正面，將緞帶接縫於拉鍊的拉頭上。完成！

附蓋波奇包

※完成尺寸
　長約13cm、寬約22cm
※後側袋蓋的原寸紙型刊載
　於附錄紙型A面。

尺寸圖

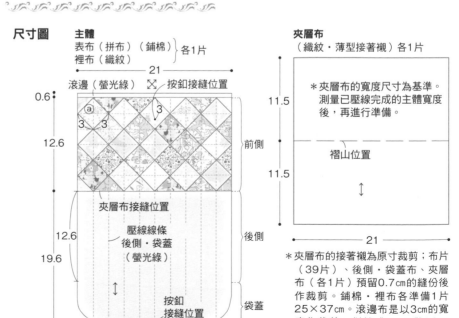

主體
表布（拼布）（鋪棉）　各1片
裡布（織紋）
21
滾邊（螢光綠）　　⊠按釦接縫位置
0.6
ⓐ
3　3　3
3
12.6　前側
夾層布接縫位置
壓線線條
後側・袋蓋
（螢光綠）
12.6　後側
19.6
按釦接縫位置　袋蓋
0.7

夾層布
（織紋・薄型接著襯）各1片
21
11.5
＊夾層布的寬度尺寸為基準。測量已壓線完成的主體寬度後，再進行準備。
褶山位置
11.5
21

＊夾層布的接著襯為原寸裁剪；布片（39片）、後側・袋蓋布、夾層布（各1片）預留0.7cm的縫份後作裁剪。鋪棉・裡布各準備1片25×37cm。滾邊布是以3cm的寬度作裁剪，併縫成23cm與62cm後，各準備1片。

材料

麻布　螢光線…47×32cm
　（後側・袋蓋布・滾邊用布）
棉布
　數種布片…各適量（布片ⓐ）
　織紋…25×62cm（夾層布・裡布）
鋪棉…25×37cm
接著襯（薄型）…21×23cm
按釦…直徑1.5cm　1組
緞帶　綠色…寬1.5cm（A）　長14cm、
　　　　　　寬0.5cm（B）　長10cm

① 進行拼縫布片之後，
　　製作後側主體的表布。

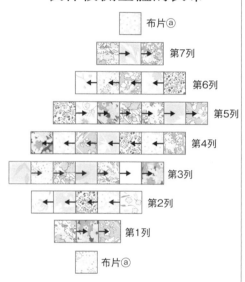

□ 布片ⓐ

第7列
第6列
第5列
第4列
第3列
第2列
第1列

布片ⓐ

1 將布片ⓐ橫向縫合後，製作7列的布塊。縫份倒向箭頭指示的方向。

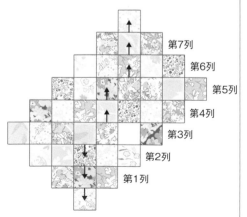

第7列
第6列
第5列
第4列
第3列
第2列
第1列

2 由1列開始縱向縫合7列的布塊，最後，再於上下兩端縫合布片ⓐ。

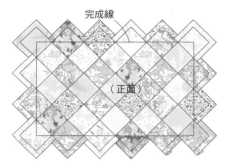

完成線
（正面）

3 對齊步驟**2**的布塊外圍的布片對角線，於正面繪製完成線。

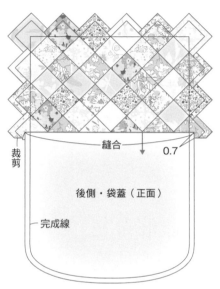

裁剪
縫合
0.7
後側・袋蓋（正面）
完成線

4 將步驟**3**的布塊與後側・袋蓋正面相對縫合，預留距針趾0.7cm處的縫份之後，進行裁剪。不過，布塊的三邊請先不要裁剪。

② 進行壓線，
　　縫製成袋子。

摺雙
夾層布（背面）
接著襯
0.7cm縫合

1 於夾層布的背面黏貼上接著襯。正面相對對摺，縫合下端，翻至正面。

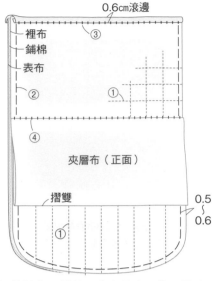

0.6cm滾邊
裡布　③
鋪棉
表布
② 　　①
④
夾層布（正面）
摺雙　　　0.5　0.6
①

2 將裡布・鋪棉・表布疊合，作三層疏縫，並進行壓線（①）。將周圍的縫份裁剪至0.5~0.6cm，並於完成線進行疏縫（②）。以寬3cm的斜布條包捲前側的袋口側，進行滾邊縫製（③）。將夾層布的下側貼放於布塊與後側・袋蓋的針趾位置，挑針至鋪棉處，以立針縫進行藏針縫（④）。

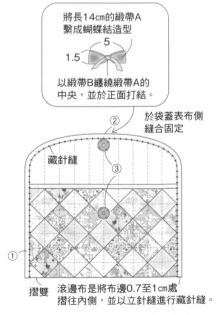

將長14cm的緞帶A
繫成蝴蝶結造型
5
1.5
以緞帶B纏繞緞帶A的
中央，並於正面打結。

②
於袋蓋表布側
縫合固定
藏針縫　　③
①
摺雙
滾邊是將布邊0.7至1cm處
摺往內側，並以立針縫進行藏針縫。

3 於後側・袋蓋的針趾位置背面相對摺疊，並於脇邊進行疏縫。以寬3cm斜布條包捲周圍（①）。接縫上緞帶（②）與按釦（③）之後，完成！

作品 P.26

眼鏡套

❈完成尺寸
　　長19.7cm（從蕾絲的袋口側至袋底
　　　為止）、寬9cm
❈原寸紙型刊載於附錄紙型B面。

材料
棉布
　印花圖案①…11×16cm（布片ⓑ）
　印花圖案②…11×15cm（布片ⓐ・ⓑ）
　印花圖案③…11×15cm（布片ⓐ・ⓑ）
　印花圖案④…13×40cm（本體裡布）
棉布　斜紋粗棉布　粉紅色
　…11×20cm（主體表布的後側）、
　寬3cm斜布條　長22cm（滾邊用布）
鋪棉…13×40cm
緞帶　紅色…寬1cm　23cm
蕾絲　原色…寬2.5cm　21cm
琉璃鈕…直徑1.3cm　1顆
磁釦（手縫型）鎳色…直徑1cm　1組

作法
1 參照尺寸圖，裁剪各部件。
2 參照P.40，進行拼縫布片之後，製作2
　片「線軸」的布塊，縱向縫合（參照尺
　寸圖）。於主體表布的後側與袋底處縫
　合之後，作成1片布（圖1）。表布完
　成。
3 於表布上描繪壓線線條（參照尺寸
　圖）。依照主體裡布・鋪棉・表布的順
　序疊合之後，作三層疏縫，並進行壓線
　（圖1）。
4 鋪棉對齊表布之後，裁剪掉周圍多餘的
　縫份。裡布則預留包捲縫份的前側脇
　邊。後側預留距袋底位置0.7cm處，對
　齊表布後，進行裁剪。將主體正面相對
　對摺，縫合脇邊（圖2）。

尺寸圖

原寸裁剪
3
滾邊布（斜紋粗棉布）
22

主體表布・前側
（拼布）1片
（印花圖案①）
磁釦接縫位置
0.7　中央
9　ⓑ ⓐ
印花圖案②
9　ⓑ
落針壓線
0.4
0.4
印花圖案③
0.4cm壓線
9
18

主體表布・後側
（斜紋粗棉布）1片
0.7
1.5
1.5
1.5cm正方的斜向菱格壓線
18
9

＊滾邊布為原寸裁剪；
除了主體裡布・鋪棉
的縫份為2cm以外，
其餘皆預留0.7cm的
縫份後裁剪。

主體裡布
（印花圖案④）
（鋪棉）
各1片
摺雙
18
9

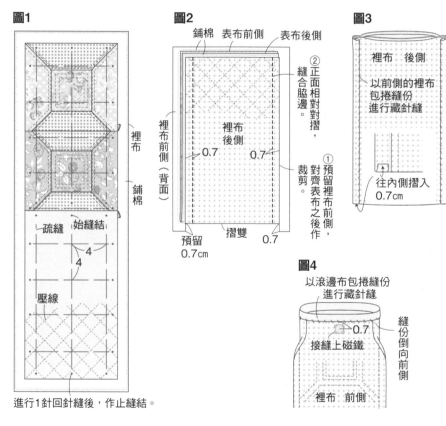

圖1
裡布
鋪棉
疏縫　始縫結
4
4
壓線

進行1針回針縫後，作止縫結。

圖2
鋪棉　表布前側　表布後側
②正面相對對摺，縫合脇邊。
裡布前側（背面）
裡布後側
0.7　0.7
①預留裡布前側，對齊表布之後作裁剪。
預留0.7cm　摺雙　0.7

圖3
裡布　後側
以前側的裡布包捲縫份進行藏針縫
往內側摺入0.7cm

圖4
以滾邊布包捲縫份進行藏針縫
0.7
接縫上磁鐵
縫份倒向前側
裡布　前側

5 脇邊的縫份是以步驟4預留的裡布包捲
　後，作三摺邊，以藏針縫縫於脇邊的針
　趾邊緣（圖3）。
6 翻至正面。將滾邊布正面相對貼放於袋
　口側後，將0.7cm內側縫合。以滾邊布
　包捲縫份後，進行藏針縫。於內側接縫
　上磁釦（圖4）。
7 將蕾絲縫合固定於袋口側。將已繫成蝴
　蝶結的緞帶以鈕釦固定（圖5）。

圖5
將蕾絲進行藏針縫
1
2.5
以鈕釦固定
將已繫成蝴蝶結的緞帶
在滾邊固定上蕾絲
縫合固定上蕾絲
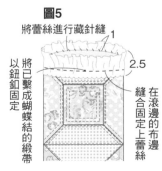

作品 P.28

針線波奇包

※完成尺寸
　長31.5cm、寬約19.5cm（展開的尺寸）
※原寸紙型刊載於附錄紙型B面。

材料
棉布
　印花圖案①…20×32cm（主體外側表布）
　印花圖案②…19×16cm（口袋表布）
　格子花紋…20×48cm
　　（主體內側表布・口袋裡布）
　花朵圖案印花…直徑10cm左右
　　（貼布縫用布）
　原色…22×34cm（襯布）
鋪棉…22×34cm
麻布　淺茶色…寬3cm斜布條　長98cm
　　（滾邊用布）
不織布　原色…6×8cm（針插）
天鵝絨布　粉紅色…8×4cm（包釦）
接著襯（厚型）…22×34cm
包釦用塑膠芯釦…直徑2cm　2顆
蕾絲　原色…寬2.6cm　長20cm
天鵝絨緞帶　淺駝色…寬1.6cm　長18.5cm
羅緞緞帶　淺駝色…寬1.5cm　長68cm
　　（內側・外側）
緞帶　淺粉紅色…寬1.5cm　長27cm　2條
緞帶捲玫瑰…1片
貝殼釦　米白色…直徑1.1cm　1顆

尺寸圖

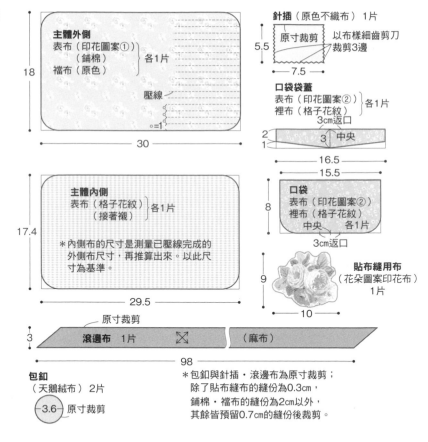

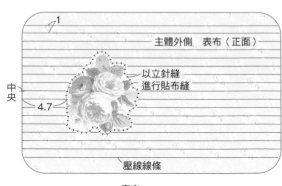

*包釦與針插・滾邊布為原寸裁剪；
　除了貼布縫布的縫份為0.3cm，
　鋪棉・襯布的縫份為2cm以外，
　其餘皆預留0.7cm的縫份後裁剪。

包釦
③於內側裝入塑膠墊片
　之後，拉緊縫線，
　作止縫結。
④以步驟③
　的縫線繼續縫，
　斜向往縱、橫渡線之後，收束。

②止縫線出現於
　正面。
①將0.3至0.4cm
　內側進行平針縫
　（取雙線）。

① 製作主體外側。

1 參照原寸紙型與尺寸圖，
　裁剪各部件。

2 將花朵圖案印花貼布縫於
　主體外側表布上。描繪壓
　線線條。

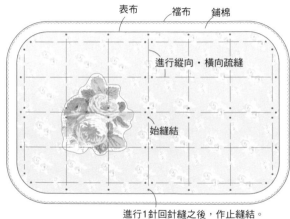

3 疊放上襯布・鋪棉・步驟
　2的表布（表布），作三
　層疏縫。疏縫是由中央開
　始，於上下左右往外側，
　進行縱向、橫向疏縫。

進行1針回針縫之後，作止縫結。

立針縫縫合蕾絲
羅緞緞帶
天鵝絨
緞帶
4.2
配合
花樣進行
自由壓線
0.2cm壓線
依照羅緞緞帶、天鵝絨緞帶的
順序貼放於蕾絲的上方之後，
進行車縫。

4 進行壓線。最初，於貼布縫0.2cm外側進行落針壓線，
接著，將貼布縫裡面配合花樣進行壓線。最後，沿著
壓線線條，由中央往外側進行壓線。對齊表布之後，
裁剪掉鋪棉·襠布多餘的縫份。將蕾絲·羅緞緞帶·
天鵝絨緞帶縫合固定。

② 製作主體內側。

＊主體外側因壓線的進行，尺寸會隨之縮小，因此請重
新測量尺寸。對照此一尺寸，裁剪主體內側布與接著
襯。請於內側布的背面黏貼上接著襯。

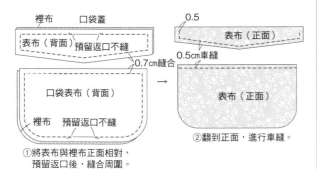

裡布　口袋蓋
表布（背面）
表布（正面）
預留返口不縫
0.5
0.7cm縫合
0.5cm車縫
口袋表布（背面）
表布（正面）
裡布　預留返口不縫
①將表布與裡布正面相對，
預留返口後，縫合周圍。
②翻到正面，進行車縫。

1 製作口袋袋蓋與口袋。

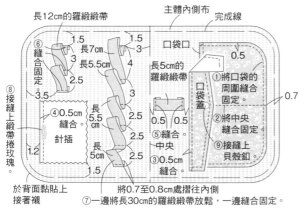

長12cm的羅緞緞帶
主體內側布
完成線
1.5　1.5
⑥縫合固定
長7cm　3　3
3　口袋口
長5.5cm　4
0.5
2.5
3.5
長5cm的
羅緞緞帶
①將口袋的
周圍縫合
固定。
⑧接縫上緞帶捲玫瑰
④0.5cm縫合。
針插
長5.5cm　3
0.5 0.5
口袋蓋
②將中央
縫合固定
0.7
1.2
長5cm　2.5
縫合中央
⑨接縫上
貝殼釦
長5cm　2.5
⑤0.5cm縫合。
1.5
於背面黏貼上接著襯
將0.7至0.8cm處摺往內側
⑦一邊將長30cm的羅緞緞帶放鬆，一邊縫合固定。

2 將口袋、針插、羅緞緞帶縫合固定於內側布上。

③ 完成主體。

1 將主體外側與主體
內側背面相對，並
於中央與周圍進行
疏縫。中央進行車
縫後，縫合固定。

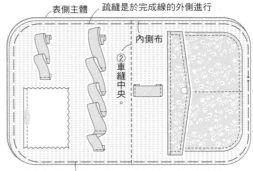

表側主體　疏縫是於完成線的外側進行
內側布
②車縫中央
①將表側主體背面相對，並於中央與周圍進行疏縫。

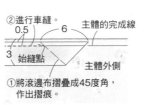

②進行車縫。
0.5　6　主體的完成線
3　始縫點
主體外側
①將滾邊布摺疊成45度角，
作出摺痕。

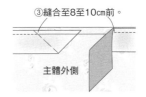

③縫合至8至10cm前。
主體外側

2 將滾邊布正面對疊
於主體外側的周
圍，並以珠針固定
（或進行疏縫）。
以車縫依照圖示縫
合固定。

④將最初與最後
的滾邊布對齊
之後，縫合。
主體外側
⑤將預留未縫的部分加以縫合。

2 將主體周圍多餘的
縫份對齊滾邊布的
布端後，進行裁
剪。將滾邊布翻至
正面之後，將縫份
三摺邊包捲，並以
藏針縫縫於內側布
上。

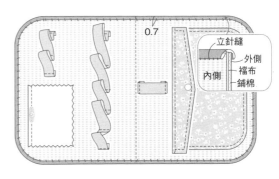

0.7
立針縫
外側
內側　襠布　鋪棉

②接縫上緞帶，並將
包釦縫合固定於其上。
③接縫上
包釦。
長27cm
1.5
①將緞帶前端
摺成三角形
後，縫合固
定。
長27cm

4 主體外側以捲針縫縫上淺粉紅色緞帶，並將包釦
縫合固定於其上方，以便隱藏接縫處。

護照夾

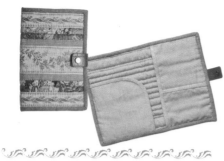

※完成尺寸
　23×17cm（展開的狀態）
※口袋A的原寸紙型請參照右下圖。

材料
棉布
　印花圖案4種…各24×2.5cm（布片ⓑ）
　橫條紋花樣　寬9cm　24cm（布片ⓐ）、
　　　　　　 寬4cm　24cm　2條（布片ⓒ）
　織紋　灰綠色…寬3cm斜布條
　　　　　　 長80cm（主體的滾邊用布）
　米灰色…44×32cm
　　　　 （主體裡布・口袋A、B、C）
棉麻混織布
　淺駝色…寬2.5cm斜布條　51cm
　　　 （口袋A、B、C的滾邊用布）
鋪棉…26×20cm
厚型接著襯…12×13cm
附金屬四合釦的皮帶　綠色…1組

作法
1 參照尺寸圖與原寸紙型，裁剪各部件。
2 進行拼縫布片，製作主體表布。疊放上
　裡布・鋪棉・表布，作三層疏縫，並進
　行壓線（圖1）。對齊表布之後，裁剪
　掉裡布・鋪棉多餘的縫份。
3 參照尺寸圖，將附金屬四合釦的皮帶挑
　針至裡布，依照全回針縫的要領縫合固
　定。
4 製作口袋A・B・C（圖2）。將口袋貼
　放於主體裡布側，並於周圍進行疏縫
　後，予以固定。
5 以滾邊布包捲主體的周圍，進行收邊
　處理（圖3・滾邊布的接縫方法請參照
　P.45）。

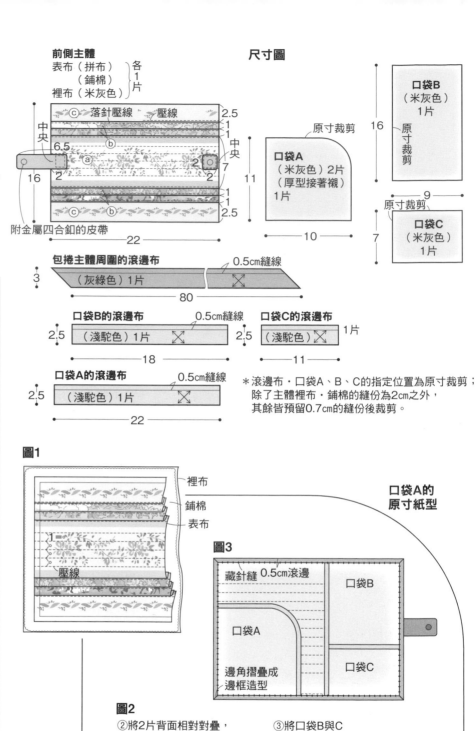

前側主體
表布（拼布）　各
　　（鋪棉）　1片
裡布（米灰色）

尺寸圖

ⓒ　落針壓線　壓線　2.5
中央　　　　　　　　　　　　1
　　　　　　　ⓑ　　　　　　1
6.5　　　　　ⓐ　　　　　　中央
　　　　　　　　　　　　　　7
2　　　　　　　　　　　　　2
16　　　　　　　　　　　　1
　　　　　　　　　　　　　1
ⓒ　　　　ⓑ　　　　　　　2.5
附金屬四合釦的皮帶
22

口袋A
（米灰色）2片
（厚型接著襯）
1片
原寸裁剪
11
10

口袋B
（米灰色）
1片
原寸裁剪
16
9
原寸裁剪
口袋C
（米灰色）
1片
7

包捲主體周圍的滾邊布　　0.5cm縫線
3　（灰綠色）1片
80

口袋B的滾邊布　0.5cm縫線　　口袋C的滾邊布
2.5　（淺駝色）1片　　2.5　（淺駝色）1片
18　　　　　　　　　　11

口袋A的滾邊布　0.5cm縫線
2.5　（淺駝色）1片
22

* 滾邊布・口袋A、B、C的指定位置為原寸裁剪；
　除了主體裡布・鋪棉的縫份為2cm之外，
　其餘皆預留0.7cm的縫份後裁剪。

圖1
裡布
鋪棉
表布
1＝
壓線

口袋A的
原寸紙型

圖3
藏針縫　0.5cm滾邊　　口袋B
口袋A
口袋C
邊角摺疊成
邊框造型

圖2
②將2片背面相對對疊，
　周圍以滾邊進行收邊處理。
0.7cm縫份
表布（正面）　0.5cm滾邊
口袋A
①於裡布側的背面黏貼上接著襯。

③將口袋B與C
　一起進行滾邊。
口袋B
0.7cm縫份
①將口袋C的
　袋口側進行
　滾邊。
0.5
口袋C
0.5
②將口袋C疊放於
　口袋B的上方，
　並進行疏縫。

作品 P.30

蜂巢波奇包

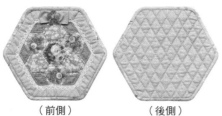

（前側）　（後側）

※完成尺寸
　高20cm、寬22.5cm
※原寸紙型刊載於附錄紙型B面。

材料

棉布
　點點花樣…26×36cm（布片ⓒ・
　　本體後側表布）
　淺綠色…17×8cm（布片ⓑ）
　印花圖案①・②…各7×21cm
　　（布片ⓐ）
　印花圖案③…7×7cm（布片ⓐ）
　印花圖案④…26×47cm（主體裡布）
　織紋…寬3cm斜布條　68cm　2條
　　（滾邊用布）
鋪棉…26×47cm
蕾絲　原色…寬1cm　52cm
花朵圖案　煙燻粉…1片
緞帶　淺駝色…寬2.5cm　長15cm
磁釦（手縫型）
　古銅金色…直徑2cm　1組

作法

1　參照原寸紙型與尺寸圖，裁剪各部件。以明信片厚度的厚紙板製作數片布片ⓐ與布片ⓑ的內襯。

2　布片ⓐ是將內襯裝入後，再將縫份倒向內襯側，製作六角形布片（參照P.43）。不取出內襯，製作7片。

3　布片ⓑ的菱形是將內襯裝入後，僅將2邊的縫份倒向內襯側（預留的縫份與布片ⓒ縫在一起）。製作6片。

4　將相鄰的2片六角形布片正面相對，避免挑縫至內襯，以捲針縫縫合（圖1、圖2-①）。此布塊製作3組。

5　3組的布塊預留1處，呈圓形併縫（圖2-②），並與中心的六角形併縫（③）。接著，縫合預留的外側六角形（④），再於此外側併接菱形（⑤），中央的布塊完成。拆除疏縫線，取出裡面的內襯。

6　將6片布片ⓒ縫合成圈狀（圖2-⑥），並與中央的布塊正面相對縫合

（⑦）。縫份倒向布片ⓒ側。表布完成。

7　疊放上裡布・鋪棉・表布，作三層疏縫，並進行壓線（參照尺寸圖）。成為主體前側。

8　主體後側是於表布上描繪壓線線條，並疊放成三層，進行壓線（參照尺寸圖）。

9　主體前側・後側皆對齊表布之後，裁剪掉鋪棉與裡布多餘的縫份。各自以滾邊布包捲周圍，進行滾邊縫製（圖3-①）。

10　以立針縫將蕾絲藏針縫於主體前側之布片ⓒ的針趾邊緣（圖3-②）。將前側・後側背面相對對疊，並以倒ㄈ字併縫縫至開口止點位置（③）。

11　將緞帶縫合成圈狀，並將中央平針縫後束緊，作成蝴蝶結造型。於前側的上部中央進行捲針縫，並於其上方接縫上花朵圖案。於內側接縫上磁釦。

尺寸圖

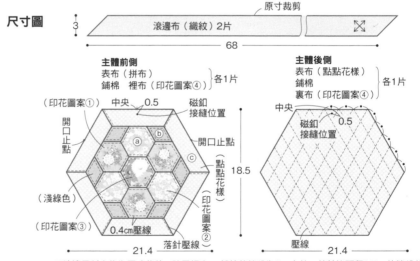

原寸裁剪

滾邊布（織紋）2片

3

68

主體前側
表布（拼布）
鋪棉　裡布（印花圖案④）
｝各1片

（印花圖案①）
中央　0.5
磁釦接縫位置
開口止點
開口止點
ⓐ ⓑ
ⓒ
18.5
（淺綠色）
（印花圖案③）
0.4cm壓線
落針壓線
（點點花樣）
（印花圖案②）
21.4

主體後側
表布（點點花樣）
鋪棉
裏布（印花圖案④）
｝各1片

中央　0.5
磁釦接縫位置
壓線
21.4

※滾邊用斜布條為原寸裁剪；除了裡布・鋪棉的縫份為2cm之外，其餘皆預留0.7cm的縫份後裁剪。

圖1

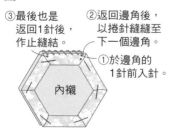

③最後也是返回1針後，作止縫結。

②返回邊角後，以捲針縫縫至下一個邊角。

①於邊角的1針前入針。

內襯

圖2

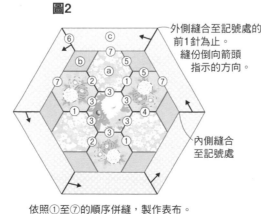

外側縫合至記號處的前1針為止。縫份倒向箭頭指示的方向。

⑥ ⓒ
ⓑ ⑦
⑦ ② ⓐ ⑤ ⑦
③ ③
① ④
③
② ①

內側縫合至記號處

依照①至⑦的順序併縫，製作表布。

圖3

①以寬3cm的滾邊布進行包捲。

0.7cm滾邊
開口止點位置進行2至3次捲針縫

②將蕾絲進行藏針縫。

③將2片主體背面相對對疊，以倒ㄈ字併縫進行縫合。

作品 P.23

梯形裙

※完成尺寸　M（L）SIZE
　腰圍　74cm（78cm）
　臀圍　102cm（106cm）
　裙長　63cm
※原寸紙型刊載於附錄紙型A面。

材料　M·L通用
表布　鏤空繡麻布
　…寬136cm　長80cm
裡布　聚脂纖維
　…寬90cm　長170cm
麻布斜布條
　…寬2.6cm　長90cm
粗毛線…90cm
止伸織帶…寬1.5cm　長50cm
隱形拉鍊…22cm　1條
風際鉤…1組

① **於部件預留縫份後，作裁剪。**

裁布圖

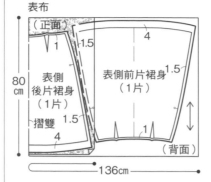

② **縫合表側裙身。**

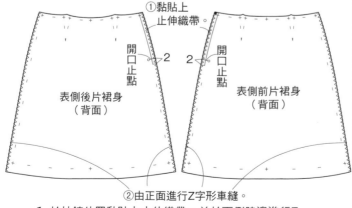

1 於拉鍊位置黏貼上止伸織帶，並於兩側脇邊進行Z字形車縫（或是鋸齒縫）。

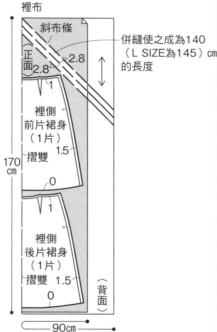

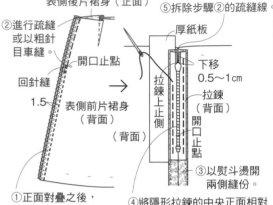

2 縫合尖褶。

3 縫合左側脇邊，接縫上隱形拉鍊。

4 縫合右側脇邊。

78

③ 縫合裡側裙身。

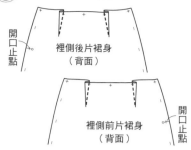

1 依照表側裙身的相同作法，縫合尖褶。縫份倒向脇邊側。

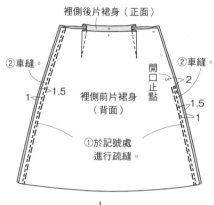

- ②車縫。
- ②車縫。
- 1 — 1.5
- 2
- 開口止點
- 1.5 — 1
- ①於記號處進行疏縫。
- 裡側前片裙身（背面）

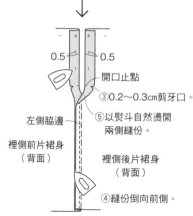

- 0.5　0.5
- 開口止點
- ③0.2～0.3cm剪牙口。
- 左側脇邊
- 裡側前片裙身（背面）
- 裡側後片裙身（背面）
- ⑤以熨斗自然燙開兩側縫份。
- ④縫份倒向前側。

2 縫合脇邊。

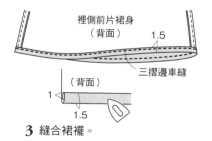

- 裡側前片裙身（背面）
- 1.5
- （背面）
- 三摺邊車縫
- 1
- 1.5

3 縫合裙襬。

---

④ 將腰圍進行收邊處理。

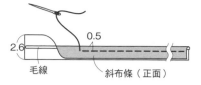

- 0.5
- 2.6
- 毛線　斜布條（正面）

1 製作滾邊條。將毛線包夾於麻布斜布條裡進行疏縫。

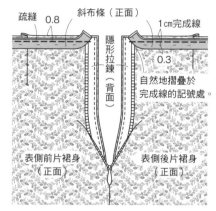

- 疏縫　0.8
- 斜布條（正面）
- 1cm完成線
- 隱形拉鍊（背面）
- 0.3
- 自然地摺疊於完成線的記號處
- 表側前片裙身（正面）
- 表側後片裙身（正面）

2 將步驟**1**對齊表側裙身，進行疏縫。

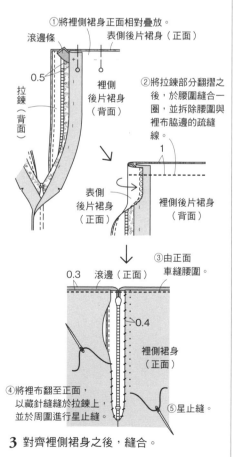

- ①將裡側裙身正面相對疊放。
- 滾邊條
- 表側後片裙身（正面）
- 0.5
- 拉鍊（背面）
- 裡側後片裙身（背面）
- ②將拉鍊部分翻摺之後，於腰圍縫合一圈，並拆除腰圍與裡布脇邊的疏縫線。
- 1
- 表側後片裙身（正面）
- 裡側後片裙身（背面）
- 0.3　滾邊（正面）
- ③由正面車縫腰圍。
- 0.4
- 裡側裙身（正面）
- ④將裡布翻至正面，以藏針縫縫於拉鍊上，並於周圍進行星止縫。
- ⑤星止縫。

3 對齊裡側裙身之後，縫合。

---

⑤ 將表側裙身的下襬進行收邊處理。

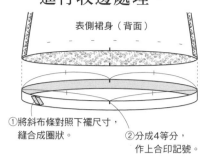

- 表側裙身（背面）
- ①將斜布條對照下襬尺寸，縫合成圈狀。
- ②分成4等分，作上合印記號。

1 將斜布條對照下襬尺寸，縫合成圈狀。

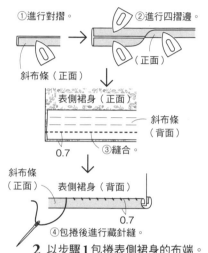

- ①進行對摺。
- ②進行四摺邊
- 斜布條（正面）
- 表側裙身（正面）
- 斜布條（背面）
- 0.7　③縫合。
- 斜布條（正面）
- 表側裙身（背面）
- 0.7
- ④包捲後進行藏針縫。

2 以步驟**1**包捲表側裙身的布端。

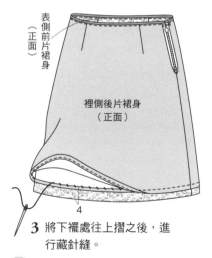

- 表側前片裙身（正面）
- 裡側後片裙身（正面）
- 4

3 將下襬處往上摺之後，進行藏針縫。

---

⑥ 於拉鍊的上端接縫上風際鉤，完成製作。

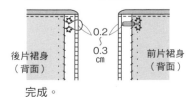

- 後片裙身（背面）
- 0.2
- 0.3 cm
- 前片裙身（背面）

完成。

拼布美學 PATCHWORK 27

宮崎順子の花漾拼布：

Floral Quilt！甜美可愛的優雅風手作包・布小物・波奇包特選

作　　　者／宮崎順子
譯　　　者／彭小玲
發 行 人／詹慶和
總 編 輯／蔡麗玲
執行編輯／黃璟安
編　　　輯／蔡毓玲・劉蕙寧・陳姿伶・李佳穎・李宛真
封面設計／周盈汝
美術設計／陳麗娜・韓欣恬
內頁排版／造極
出 版 者／雅書堂文化事業有限公司
發 行 者／雅書堂文化事業有限公司
郵政劃撥帳號／18225950
戶　　　名／雅書堂文化事業有限公司
地　　　址／新北市板橋區板新路206號3樓
電　　　話／(02)8952-4078
傳　　　真／(02)8952-4084
網　　　址／www.elegantbooks.com.tw
電子信箱／elegant.books@msa.hinet.net

2017年6月初版一刷　定價420元

MIYAZAKI JUNKO NO FLORAL QUILT BAG & POUCH by Junko Miyazaki
Copyright © 2016, Junko Miyazaki
All rights reserved.
Original Japanese edition published by NHK Publishing,Inc.
This Traditional Chinese edition is published by arrangement with NHK
Publishing,Inc.Tokyo in care of Tuttle-Mori Agency, Inc., Tokyo
through Keio Cultural Enterprise Co., Ltd.,New Taipei City,Taiwan.

總經銷／朝日文化事業有限公司
進退貨地址／新北市中和區橋安街15巷1號7樓
電話／(02) 2249-7714　傳真／(02) 2249-8715

宮崎順子（MIYAZAKI・JUNKO）

拼布作家。主辦以九州為主的拼布教室，並於福岡經營拼布商店。從日本國內外搜集各式布材或手作小物，並活用於作品的製作上。以浪漫情懷所展現的纖細色調與高雅的布料搭配，擁有眾多的忠實粉絲。

宮崎順子的拼布商店

Remember・Quilts
〒810-0042
福岡縣福岡市中央區赤坂3-11-13
http://www.rememberquilts.com/

★原書製作團隊
書籍設計／須藤愛美
攝影／南雲保夫（插圖彩頁）・下瀬成美（作法）・
　　　山本正樹（人物簡介照片）
造型／井上輝美
作法解說／奧田千香美・しかのるーむ
製圖／tinyeggs studio（大森裕美子）
紙型繪圖／株式會社ウエイド
紙型描圖／トワル
編輯／增澤今日子・草場道子（NHK出版）

國家圖書館出版品預行編目(CIP)資料

宮崎順子の花漾拼布：Floral Quilt! 甜美可愛的優雅風手作包.
布小物.波奇包特選 / 宮崎順子著；彭小玲譯.
－ 初版. －－ 新北市：雅書堂文化, 2017.06
　面；　公分. －－（拼布美學；27）
ISBN 978-986-302-372-2(平裝)

1.拼布藝術 2.手提袋

426.7　　　　　　　　　　　　　　　　　106007681

Floral Quilt

Junko Miyazaki

Floral Quilt
Junko Miyazaki

Floral Quilt

Junko Miyazaki

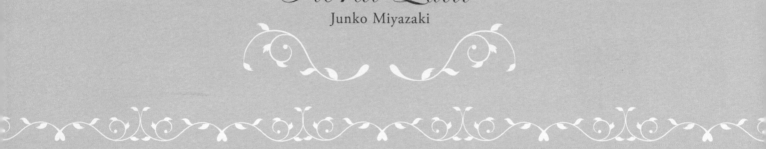

Floral Quilt

Junko Miyazaki